西藏传统建筑导则

An Introduction to Tibetan Traditional Architecture

徐宗威　主编
Xu Zongwei　Chief Editor

中国建筑工业出版社

图书在版编目(CIP)数据

西藏传统建筑导则／徐宗威主编.－北京：中国建筑
工业出版社，2004
ISBN 978-7-112-06585-1

Ⅰ.西... Ⅱ.徐... Ⅲ.古建筑－简介－西藏
Ⅳ.TU-092.2

中国版本图书馆 CIP 数据核字（2004）第 047239 号

责任编辑：张振光
装帧设计：李　林
责任校对：黄　燕

西藏传统建筑导则

徐宗威　主编
*
中国建筑工业出版社出版、发行(北京西郊百万庄)
新华书店经销
北京广厦京港图文有限公司设计制作
北京方嘉彩色印刷有限责任公司印刷
*
开本：889×1194毫米　1/16　印张：33
2004 年6月第一版　2011年7月第二次印刷
印数：1501－2500册　定价：356.00元
ISBN 978-7-112-06585-1
(20328)

内容提要

　　本书全面和系统地总结了历史悠久的藏式传统建筑的建造技术和建筑艺术风格，可以为建造藏式传统建筑的设计、施工单位和工程技术人员，为西藏的城镇建设，继承和发扬民族特色，提供基础性、技术性的指导。

　　本书亦可供所有关心和研究西藏建筑文化的学者、师生和读者考阅。

ABSTRACT

This book gives a comprehensive and systematic summary of the architectural techniques and artistic styles in Tibetan traditional architecture which has had a long history. It aims to provide fundamental, technical as well as practical instructions for the designing and construction units and engineering workers in the construction of the traditional Tibetan architecture. Meanwhile, this book helps to instruct the town construction of Tibet and the inheritance and development of ethnic characteristics. For all the scholars, teachers and students and readers interested in Tibetan architectural culture, this book can also serve as a good reference.

《西藏传统建筑导则》编制领导小组

组长：徐明阳

成员：王亚蔺　刘志昌　徐宗威

　　　傅正浩　贺贵祥　次央　次旺扎西

《西藏传统建筑导则》编制工作委员会

主编：徐宗威

成员：李进忠　王建东　陈国友　周昆山　胡万宝　傅正浩　马骄利

　　　木雅－曲吉建才　刘光明　陈波　董天刚　贺贵祥　刘文全

　　　苏勇军　次央　陈令明　陈明红　龙愿　达瓦旺堆　次旺扎西

　　　阿旺洛丹　丹增格列　普布次仁　巴桑卓玛

《西藏传统建筑导则》撰稿单位及撰稿人员名单

————————————————————————————————

第一章　西藏自治区建筑勘察设计院

　　　　徐宗威　傅正浩　木雅－曲吉建才

　　　　马骄利　刘光明　陈波

第二章　西藏自治区拉萨市建筑设计院

　　　　次央　陈令明　陈明红　龙愿　达瓦旺堆

第三章　西藏自治区山南地区建筑设计院

　　　　贺贵祥　刘文全　苏勇军

第四章　西藏自治区建筑勘察设计院

　　　　徐宗威　傅正浩　木雅－曲吉建才

　　　　马骄利　陈波　刘光明　董天刚

第五章　西藏自治区拉萨古艺建筑研究所

　　　　次旺扎西　阿旺洛丹　丹增格列

　　　　普布次仁　巴桑桌玛

第六章　(同第五章)

第七章　西藏自治区山南地区建筑设计院

　　　　贺贵祥　刘文全　苏勇军

第八章　西藏自治区建筑勘察设计院

　　　　傅正浩　木雅－曲吉建才　马骄利　刘光明　陈波

序

神奇而美丽的西藏，有着灿烂辉煌的历史文化、别具一格的传统建筑。这是勤劳、勇敢、朴实的西藏人民智慧的结晶，是藏汉兄弟民族间建筑技术和文化交流的历史见证。

藏族的建筑是中国建筑体系中独具风格的一支。西藏传统建筑种类繁多，有宫殿、民居、庄园、寺院等，其建筑形式各异，气势雄伟、结构精美、工艺精湛，具有浓厚的民族风格和地域特色，堪称中华民族建筑艺苑中一朵争奇斗艳、璀璨绚丽的奇葩。西藏传统建筑伴随着青藏高原人类社会的发展而发展，仅从现存的古代建筑即可见一斑。雄伟壮观的布达拉宫、峻峭挺拔的雍布拉康是古代宫殿建筑的经典之作；鳞次栉比的色拉寺、哲蚌寺、甘丹寺，庄严的大昭寺、扎什伦布寺，神气的桑耶寺、白居寺等则是寺院建筑的杰出代表；鸟语花香的罗布林卡是古今结合的园林建筑典范；森严的帕拉庄园、郎赛林庄园则记载着封建农奴时代的历史。风格各异的民居遍布西藏各地，虽因地而异，但大多功能完备，实用大方，有的典雅，有的古朴，有的错落有致，有的齐整得体，不一而足。还有神秘的古格王国遗址，扎达、普兰一带的窑洞，边境地区的烽火碉楼，漫长的茶马古道以及精致的城镇建筑等。这些建筑无不表现着藏族人民的勤劳智慧，无不闪耀着藏族人民创造思维的光芒。尤其是气势恢弘的布达拉宫，把藏族人民的聪明才智发挥得淋漓尽致，它不仅以建筑的成就而著称，还以辉煌的艺术作品和珍贵的历史文物而闻名于世。正因如此，1994年12月，布达拉宫被联合国教科文组织正式列入《世界文化遗产名录》。

西藏自治区和平解放以后，在中国共产党的英明领导下，建筑业得到了快速发展，城乡面貌发生了翻天覆地的变化。特别是改革开放以来，在党中央、国务院的亲切关怀下，在全国各族人民的大力支持下，西藏建筑业发展更是日新月异，从城市到乡村都掀起了新一轮建设的高潮，一大批既具有传统民族特点又富有现代气息的建筑拔地而起。西藏博物馆、拉萨剧院、西藏宾馆、拉萨百货大楼等新型建筑巍然屹立在高原大地。小城镇建设和民居建设如火如荼，充分展示了人民群众全面建设小康社会的美好发展前景。

但是，也应清醒地看到，由于受设计理念、技术力量特别是建筑管理能力和水平的限制，我们现在的建筑在突出民族风格和地域特色方面还有待于改进和提高。

当你走进一座城市，如织的街道、繁华的市井令人目不暇接。然而，给你印象最深的莫过于建筑了。它会使你感到或古朴典雅，或现代简约，或雄伟壮观，或灵秀恬静。这就是建筑的精神功能，也是一座城市的特色所在。近年来，随着交通、信息技术的迅速发展，促进了众多领域的全球化，也直接导致了建筑文化的趋同。不同地域、不同国度的建筑有着同一的面孔，传统文化、地域文化在不知不觉中被削弱。建筑文化的趋同，直接造成了众多城市特色的消失和千城一面的现实。这种情况如何扭转？在我看来，首先要继承和发扬传统建筑文化，研究传统文化，研究传统文化的哲学思想，发掘其与当前时代和社会相适应的东西，进而研究当今人们的审美意识和文化心理，使二者紧密结合，创造出适合时代发展要求的建筑与环境。在研究和创造的过程中，要特别注重对民族风格和地域文化特色的梳理、运用。西藏千百年的建筑遗产，是一笔丰厚的文化宝藏，亟待我们去继承、整理和发扬。建筑大师吴良镛先生来西藏考察后，曾感慨万千地说道："去西藏对地域文化有了更深的认识。很惭愧年迈八十初窥宝库，相见恨晚。西藏幅员广阔，文化之深厚，民风之淳朴，建筑之奇妙，实给我们极大的教育，亦坚定我对地域文化研究之责任与信心"。因此，我们在建筑文化研究中如能以审美的意识去发掘遗产，一定能够另辟蹊径，丰富建筑的文化内涵。

《西藏传统建筑导则》一书的出版，为继承和保护西藏优秀的传统建筑文化，为西藏城镇建设营造民族特色、地域特色提供了科学依据和技术支撑。这是一件可喜可贺的事。它填补了西藏传统建筑研究领域的空白。《导则》着眼于传统建筑的风格和特色，全面系统地发掘和整理了西藏传统建筑的精华，图示精确，纹理清晰，取舍得当，结构严谨，把握全面，重点突出，是一部总结西藏传统建筑文化成果、反映藏式建筑艺术形式和风格的专著，开创了西藏传统建筑文化研究的新境界，必将推动传统建筑文化的研究工作，促进传统建筑文化的提高，促进西藏现代建筑走有自己特色的发展道路。我由衷地感谢为此书编写而付出辛劳的各位同志。

现代建筑既要体现以人为本的精神，着眼于提高城镇在产业结构调整和人口转移中的载体作用，着眼于发挥城镇人流、物流、信息流的聚集作用，着眼于提高城镇品位和提高人民群众的生活质量，也要保持传统、保持特色，在发扬传统特色的基础上有新的提高。继承传统建筑的精华，不能生吞活剥古人；满足现代人对建筑的需求，不能照抄照搬。不断创新，各具特色，才有生命力。否则，千城一面，千村一面，就丧失了特色，如同嚼蜡。人和建筑，须臾不可分开，因此，要大力提倡建筑与自然相和谐，体现民族特色、地域特色和时代特色，反对脱离实际的形式主义。要满足社会发展和人民群众生活的目前需要，也要符合长远利益，着眼于服务西藏全面建设小康社会的需要。

诚然，《导则》只是西藏传统建筑研究领域中的凤毛鳞角，限于篇幅不可能将藏式建筑全部纳入其中；而尚未被人们认识的恐怕不在少数。我们期待着有更全面、更精辟的西藏传统建筑方面论著的出现，为我国建筑领域添写更加壮丽的篇章。

西藏自治区副主席　洛桑江村

2003 年岁末于古城拉萨

FOREWORD

Tibet, mysterious and beauteous, has an illustrious historical culture and unique architectural style. As the fruit of the wisdom of Tibetan people who bear the merits of industry, bravery and guilelessness, the Tibetan architecture witnesses the technical and cultural communication between Tibetans and the Hans.

Tibetan architecture is an inimitable branch in Chinese architecture system. Various types of constructions constitute the traditional architecture in Tibet, such as palaces, folk houses, manors and temples. The whole construction characterized by profound ethical manner and local specialty, can be honored as one exotic flower in the garden of Chinese architecture for its marvelous majesty, splendid structure and talented technique. Traditional Tibetan architecture develops with the civilization and development of humans up the Qinghai-Tibet Plateau, which can be seen from the existing ancient buildings. The majestic Potala Palace and the sparkish Yumbu Lhakkang Palace represent the classic construction of ancient palaces; temples row upon row such as Sera Monastery, Drepung Monastery and Ganden Monastery, the magnificent Jokhang Tempkle and Tashihunbu Monastery, as well as the grand Sangye Monastery and Bai Ju Monastery, exhibit the artifice in the temple construction; Norbulingka Park is an apotheosis which combines the ancient and modern features; while the venerable Pala Postoral Land and Lang Sai Lin Postoral Land are the historical records of feudal villein society. Folk houses in various style spot here and there in Tibet, though dissimilar in different places, all houses are applied and functional, some of which are elegant while others have primitive simplicity. Furthermore, the mysterious Guge Kingdom relics, and the cave-house in Zhada and Pulan, together with the blockhouses in outskirts, the far-flung business road, and the delicately-designed towns, which were created under the glimmer of human wisdom, manifest the industry and intelligence of Tibetan people. Among all, the grandiose Potala Palace, the exhibition of the wisdom of Tibetan people, not only gain its fame for the construction but also win the authorization as an artful masterpiece and cultural relics. Thus in December 1994, the Potala Palace was listed by UNESCO in the List of World Cultural Relics.

After the peaceful liberation, Tibet speeded up its pace in development under the leadership of CPC and took on a brand new look. Especially after the Reform and Open period, under the solicitude from CPC and the State Council and the support from all Chinese, Tibet is experiencing much rapider development and another construction heat from village to city. A large amount of buildings well up including the Tibet Museum, the Lhasa Theatre, the Tibet Hotel, the Lhasa Department Store, which possess both the traditional ethnic features and the modern taste. The construction work, to a great extent, shows a promising prospect of well-to-do life lying ahead.

Meanwhile, it is important to realize that the construction is in defect of typical ethnic characteristics and local features, limited by the design and technical capacity especially in management ability. Much improvement needs to be made.
Stepping into a city, you will be caught first by numerous streets and busy markets. However, what impresses you most might be the architecture in it. Elegant or stylish, magnificent or refined, the city is. That is what the architecture owns and that is also what the trait of a city lies in. The fast development of traffic and IT industry in recent years has promoted the globalization in many fields and it also leads to the propinquity in constructional culture. Constructions in different areas and countries come to have an identical face which makes the traditional culture and local culture weaker and weaker. This will inevitably decrease the diversity of cities and thus lead to a singsong. Then how could we change the situation? In my personal opinion, the first and the most important action to take is inheriting and developing the traditional construction culture by doing research in the philosophical thoughts of traditional culture, then working out those can be seasoned with modern environment. After integrating

the aesthetic standard and cultural psychology of modern people with that research, we can by all means complete a perfect city construction. Ethnic features and local culture should be emphasized in research and construction work. Thousands of years, the traditional architecture is a precious cultural deposit which could only be preserved by our inheritance, coordination and development. Wu liang-yong, the master architect, exclaimed after his visit to Tibet,"I did have a further comprehension of Tibet when visiting it myself. It is a shame that I haven't been here before until I was over eighty. The amplitude of area, the depth of culture, the honesty of folkway as well as the marvel of architecture impress me a lot and teach a lot. I feel more responsible and confident for and in the research in local culture." Consequently, we can draw the conclusion that it is possible to enrich the cultural connotation of architecture, if only we do the research with an aesthetic ideology.

The publication of An Introduction to Tibetan Traditional Architecture aims to inherit and protect the traditional architectural culture in Tibet and provides the ethnic- and local-oriented town-construction of Tibet with scientific evidence and technical support. This is what we should congratulate on and cheer for. It fills up the blankness in Tibetan town-construction research. Focusing on the traditional style and features of architecture, Introduction does a comprehensive research in and summarizes the elite in Tibetan traditional constructions, which is characterized by accurate cutline, clear texture, proper selection, precise structure, comprehensive content and the emphasis of key points. As a summing-up and monograph of Tibetan traditional architecture since it reflects the artistic form and style, this book creates a new phase for the research in Tibetan architecture and will definitely promote the research in traditional construction and the improvement of architectural culture. Tibetan modern construction will also benefit from this book. I appreciate and acknowledge all the scholars and friends who have contributed in writing and editing this book.

With a view to improve the carrier function of cities and towns on the industrial structure adjustment and population shift, to focus on the gathering function of urban stream of people, logistics and the information flow, to improve the town taste and people's living standard, as well as to preserve the tradition and to keep up the features, the modern architecture should reflect the spirit of People First. In order to inherit the nature and elite of traditional architecture, we can not just swallow it raw and whole; while in order to meet the demands of the modern, we can not copy indiscriminately the constructions of others. Vitality exists only in creation and characteristics; otherwise, the taste is no better than chewed tallow. People and buildings can't be separated, and as a result of that, architecture should be harmonious with nature in the embodiment of ethnic characteristics, local features and time spirit. Forminism is an enemy which should be objected to. In the interest of building the well-to-do society in an all-round way, the construction work should meet the demands of development of society and the needs of people's life, and at the same time accord with the long-term interest.

Indeed, Introduction is as rare as phoenix feathers and unicorn's horn in the research of Tibetan traditional architecture. Whereas, there is much to be impoldered and learned and even what we have known can not be all included because of the limitations of space. We do expect more comprehensive and more penetrating works in Tibetan traditional architecture to do one's bit for our national architecture.

Vice President of Tibet Autonomous Region   Luosang Jiang-cun
In Lhasa ,late in 2003

目录
Contents

目录
Contents

第一章 总则

西藏传统建筑是西藏人民的伟大创造，是雪域高原物质文明和精神文明的结晶，是中华民族建筑文化的重要组成部分，也是藏汉团结和文化交流的见证。在崇尚自然，适应自然，艰苦劳作，奋斗不息的长期建筑实践中，西藏人民因地制宜，就地取材，不断吸取多民族文化，发明和积累了十分宝贵的建造技术和建筑经验，并创造了独特而鲜明的建筑艺术形式和风格。

西藏传统建筑的历史渊远流长，最早可以追溯到距今4500年左右的新石器时期。在发掘卡诺遗址中发现了丰富的建筑遗存，表明当时的高原人已经懂得建造半地穴石墙平顶房屋，其建筑选址、构造做法、室内防潮、砌筑技术等都达到了相当水平。在漫长的历史长河中，为不断满足人们的生产和生活的需要，西藏人民逐步创造了独特实用的柱网结构、收分墙体、梯形窗套、松格门框等建造技术和建筑文化。矗立在高山之巅、河谷之上的不同历史时期的雄伟壮丽的藏式传统建筑，成为镶嵌在雪域高原的一朵朵建筑艺术的奇葩。

编制《西藏传统建筑导则》的目的，是贯彻落实党和国家关于继承和保护优秀民族文化的方针，全面和系统地总结历史悠久的藏式传统建筑的建造技术和建筑艺术风格，为设计、施工等建设单位和工程技术人员建造藏式传统建筑风格的建筑，为西藏的城镇建设，继承和发扬民族特色和地方特色，提供基础性、技术性和经验性的指导，为西藏经济发展和社会进步服务。

经过千百年的建筑实践与发展，在雪域高原形成了以雍布拉康、大昭寺、布达拉宫等经典建筑为代表的遍布西藏各地的优秀藏式传统建筑。从使用功能上划分，主要形成了宫殿、民居、庄园和寺院等四类藏式传统建筑。这四类藏式传统建筑，由于受到不同地域、不同时代、不同风俗等多因素的影响，其建筑形式、结构方式、建造技术、建筑材料等方面的研究内容十分宽泛，丰富多彩，博大精深。《西藏传统建筑导则》将重点对这四类藏式传统建筑所具有的独特而鲜明、精湛而古朴的建筑形式和风格，作初步的探讨和介绍。

西藏历史上砌筑房屋场景(取自桑耶寺壁画)

第一节 藏式传统建筑的设计思想

西藏在历史上曾被人们称为"佛教圣地"。长期以来，在西藏的一些地方，宗教既是经院的哲学，更是普遍存在的生活方式，它渗透到西藏社会政治经济生活的各个领域和各个方面。历史上长期处于统治地位的藏传佛教及其学说和思想，对营造建筑形式和组织建筑空间等建筑实践活动，在主观和客观上都起到了重要的引领作用，并形成了藏式传统建筑设计思想和设计理念。这些设计思想和理念，对藏式传统建筑的建造和发展，对西藏城乡建设，产生过重要的影响。

一、天梯说

西藏历史传说中的聂赤赞普是西藏第一个藏王，他和他之后的六个藏王，史称天赤七王。传说天赤七王都是天界的神仙，等到他们死亡时也会登上天界。《王统世系明鉴》讲，"天神之身不存遗骸，像彩虹一样消逝。"彩虹就是登天光绳，山体就是天梯。天赤七王之后的止贡赞普藏王，在一次决斗中，由于疏忽而斩断了他与天界联系的登天光绳，从此藏王留在人间，人们在青瓦达孜为他修建了西藏的第一个坟墓。在天梯说影响下，不排除当时防御的考虑，那个时代西藏的很多房屋都建在山上。据《西藏文明》讲，当时"在所有的山岭和所有的陡峭的山崖上都建有大型宫殿"。即使在今天，我们仍然可以在一些地方的山腰上看到画上去的天梯图腾和山顶上宫殿的废墟（图1-1）。

图1-1 早期建在山顶的宫殿 雍布拉康

二、女魔说

吐蕃王朝时期，松赞干布迁都拉萨并迎娶唐朝公主后，开始在拉萨河谷平原大兴土木。文成公主曾为修建大昭寺和造就千年福祉而进行卜算。她揭示蕃地雪国的地形是一个仰卧的罗刹魔女（图1-2），提出消除魔患、镇压地煞、具足功德、修建魔胜的营造思想。主张在罗刹女魔的左右臂、胯、肘、膝、手掌、脚掌修建12座寺庙，以镇魔力。文成公主曾约定，如来不及修建这12座寺庙，也要先在这些地方打入地钉，以保平安。在罗刹魔女心脏的涡汤湖，用白山羊驮土填湖，修建大昭寺以镇之。此后，吐蕃这片地方呈现一切功德和吉祥之相。女魔说对吐蕃王朝在拉萨河谷地区的开发建设曾发挥过重要影响。

图1-2　仰卧的罗刹魔女

三、中心说

古代佛教宇宙观认为,世界的中心在须弥山,以须弥山为中心,取5万由旬为半径画圆,再取2.5万由旬画圆,形成了宇宙的四大洲和八小洲。佛教认为世界有三界,人类和畜类生活的中界,以须弥山为轴心,伸展到神灵生活的天界和黑暗的地界。在中心说的影响下,桑耶寺的建设就充分体现了这一思想(图1-3)。其主殿代表须弥山,由围墙所构成的圆内有代表四大洲、八小洲及日、月等殿堂建筑。在中心说的影响下,民居、寺院、宫殿等建筑都被认为是世界的缩影。早期的帐篷和后来居室中的木柱都被认为是世界的中心,沿着这个中心可以上升,也可以下沉。这也是信教群众向居室中的木柱敬献哈达的原因。

图1-3 桑耶寺

四、金刚说

　　西藏宗教的主要流派是藏传佛教。藏传佛教是在金刚乘基础上发展的，属于大乘佛教。藏传佛教曾渗透到西藏社会生产、生活的各个方面，是一个包括无数形态和极端复杂哲学思想的宗教领域，要说清楚它的内容和思想是非常困难的。金刚乘作为藏传佛教的基础，其"顶礼膜拜"和"朝圣转经"等思想和仪轨，对旧西藏社会形态、城市形态和建筑形式都产生了直接而深刻的影响。在寺院的殿堂建筑内有很多"回"型的平面布局。

这些都是求佛转经的通道。桑耶寺主殿的三层空间都有回型布置。这种建筑平面布置反映了宗教思想和仪轨的需要，延伸到寺院之外就形成了不同的转经道路，比如转山、转湖、转寺、转塔等等。拉萨的八角街就是著名的转经路（图1-4）。事实上对大昭寺的朝圣形成了囊廓、八角和林廓三条转经道路。这对早期的建筑形式和城市布局有很大的影响。

图1-4　拉萨八角街转经朝佛图

五、来世说

藏传佛教思想，宣传四谛五明、六道轮回，只求来世，使人们不追求个人和社会的物质生产和物质丰富，甚至认为受到的苦难越多，修行才会越深，也才会有比较好的来世。藏传佛教的价值取向是思想性的而非经济性的。物质增长和生活富足对佛教信徒没有价值，而所谓的人格净化和升华才是人一生的追求。房子盖起来能遮风蔽雨即可。这一思想在当时的农牧奴住房建筑上表现得非常充分。这也是藏式传统建筑具有古朴粗犷的建筑风格的因素之一。

由于受到历史条件的局限，藏式传统建筑设计思想是唯心主义的，并且具有比较浓厚的宗教和封建迷信的成分。但这些设计理念和思想仍然反映出高原先人对世界和建筑实践的某种良好愿望。其一是规划设计后营造建筑的程序理念，得到了切实的建筑实践。大昭寺在拉萨河谷的涡汤措建设起来了，女魔地形中的十二个寺院也建起来了。其二是趋利弊害。松赞干布开发拉萨河谷并按照文成公主提出的建造思想，曾整治拉萨河北滩支流使其改道，尔后填平了涡汤措。这可称为西藏地区古代城市建筑趋利弊害的典范。其三是文化融合。在拉萨的大昭寺和山南地区的桑耶寺等传统建筑中都可以看到吐蕃、汉地和泥婆罗（今尼泊尔）等不同文化融合的痕迹。其四是崇尚自然。藏式传统建筑的选址、建筑用材等都比较好地适应了雪域高原的自然环境和气候条件，体现了天人合一的理念。这些都是西藏传统建筑设计思想中的积极因素。

第二节 藏式传统建筑的基本特点

　　藏式传统建筑有着十分独特和优美的建筑形式与风格，与雪域高原壮丽的自然景观浑然一体，给人以古朴、神奇、粗犷之美感，形成了自己独有的和鲜明的基本特点。

一、坚固稳定

　　收分墙体和柱网结构是构成藏式传统建筑在视觉和构造上坚固稳定的基本因素。由于自然和历史等条件限制，藏式传统建筑使用的木梁较短，在两个木梁接口下面用一个斗栱，再用柱子支起斗栱，连续使用几个柱栱梁构架，形成了柱网结构。藏式传统建筑使用柱网结构扩大了建筑空间，

增强了建筑物的稳定性。墙体的砌筑采用了三种方法，有效地提高了建筑的稳定性。一是收分墙体。墙体下面宽、上面窄，墙体收分角度一般在5°左右，建筑物重心下移，保证了建筑物的稳定性。二是加厚墙体。由于历史上砌筑材料主要以生土和毛石为主，为增加建筑高度，采用了加厚墙体的做法，如楚布寺主殿的墙厚有3m，桑耶寺乌孜大殿的墙厚有4m，使得建筑物十分坚固。三是做边玛墙。即在墙的上部用一种当地生长的边玛草做一段墙，既减轻了墙体荷载，又有很好的装饰效果。这些都对藏式传统建筑起到了很好的坚固和稳定的作用，提高了建筑物的安全性和抵御自然灾害的能力。

拉萨布达拉宫高大坚固的外墙

拉萨北郊波龙卡故宫座落于巨石之上

拉萨楚布寺主殿厚达3m的外墙

二、形式多样

藏式传统建筑形式多样，富于变化，内容丰富。虽然藏式传统建筑在结构形式、门窗套型以及建筑材料的使用等方面具有相同的共性，但不同地区和不同类型的每一栋建筑，又富有极其鲜明的个性。从空间上划分，有依山建筑、平川建筑等；从结构形式划分，有土木结构、石木结构等；从建筑类型划分，有一层平房、多层楼房等；从屋面形式划分，有平顶房屋、坡面房屋等；从平面形式划分，有矩形、圆形和不规则多边形等。由于各地民俗的差异和自然环境的影响，在西藏七地市的不同区域，形成了各自特有的建筑形式和风格。如民居，拉萨有石墙围成的碉房，林芝有圆木做墙的木屋，昌都有实木筑起的土楼，那曲有生土夯垒的平房。窗是建筑立面的主要部分。窗的大小和窗在墙面的位置，主要根据房间的功能而定。居室的窗比较大，而附属用房的窗就比较小，而且窗的排列不在一个水平线上。建筑立面上窗的大小和排列的高低所具有的不规则性和随意性，突出表现了藏式传统建筑形式多样的特点。

平顶建筑(日喀则德庆格桑颇章宫)

塔形建筑(江孜白居寺多吉门塔)

坡顶建筑(拉萨宇拓路古时的琉璃桥)

金顶建筑(林芝地区喇嘛岭寺主殿)

三、装饰华丽

藏式传统建筑装饰艺术是西藏地区宗教艺术、文化艺术和建筑艺术的综合体现。藏式传统建筑装饰运用了平衡、对比、韵律、和谐和统一等构图规律和审美思想，艺术造诣深厚，工艺技术达到了很高水平。在藏式传统建筑装饰中使用的主要艺术形式和手法，有铜雕、泥塑、石刻、木雕和绘画等。室内柱头的装饰、室外屋顶的装饰和室内墙壁的装饰，是藏式传统建筑装饰的主要精华部分。室内柱头多采用雕刻和彩绘；室外屋顶多挂置经幡、法轮、经幢、宝伞等布块和铜雕；室内墙壁多装饰宗教题材的绘画。檐口装饰中的石材、刺草、黏土等不同用材装饰；门饰中的如意头、角云子、铜门环和松格门框等装饰；窗饰中的窗格、窗套和窗楣等装饰，都是藏式传统建筑装饰艺术的集中表现。藏式传统建筑既有坚固粗犷的一面，也有精雕细刻、流光溢彩、富丽堂皇的一面，置身其中仿佛走进建筑艺术的殿堂。

拉萨楚布寺室内装饰局部

柱、梁、门及墙面的装饰(拉萨楚布寺)

四、色彩丰富

藏式传统建筑的色彩运用,手法大胆细腻,构图以大色块为主,表现效果简洁明快。通常使用的色彩有白、黑、黄、红等,每一种色彩和不同的使用方法都被赋予某种宗教和民俗的含义。白色有吉祥之意,黑色有驱邪之意,黄色有脱俗之意,红色有护法之意,等等。外墙的色彩,民居、庄园、宫殿以白色为主,寺院以黄色和红色为主,而民居、庄园、宫殿、寺院的窗户一般都使用黑色窗套。门框、门楣、窗框、窗楣、墙面、屋顶、过梁、柱头等则同时调绘多种色彩,使色彩的运用表现得十分细腻和艳丽。在西藏自治区的七地市中,由于宗教和民俗的影响,对建筑墙面和建筑构件细部的色彩运用和处理,各地有着不同的做法,但都表现出艳丽明快和光彩夺目的色彩效果。

拉萨哲蚌寺殿塔外墙色彩

昌都地区类乌齐县查杰玛大殿外墙色彩

山南泽当昌珠寺外墙色彩

昌都左贡民居外墙色彩

五、宗教氛围

　　藏式传统建筑不同程度地融合和渗透着藏传佛教文化和宗教思想。建筑布局方向的随意性反映出佛陀无处不在；居室中的木柱代表着人们对世界中心的敬仰；屋顶上的五色经幡代表着人们对宇宙万物的崇拜；墙壁上以宗教故事为主题的壁画，更明确表达着人们对神灵的崇敬；多层建筑的最高一层和一层建筑的静谧房间，多设为经堂或设有佛龛，这反映出建筑空间的安排也是为宗教思想和宗教活动服务的。从建筑布局到建筑功能，从建筑结构到建筑装饰，都渗透和反映着宗教思想和理念。在被称为佛教圣地的特殊历史时期，建筑语言表达着宗教思想，使得藏式传统建筑的形式和风格具有强烈的宗教氛围。

拉萨达孜县扎叶巴寺经幡舞动香烟缭绕

日喀则扎什伦布寺展佛台展出巨大的佛像　拉萨尼木县民居外墙宗教图腾　　　　山南泽当昌珠寺主殿外廊下的转经桶

六、文化交融

　　勤劳智慧的西藏人民在长期的建筑实践中，不断借鉴和吸收不同地区和多民族文化，创造了适合当地情况的建造法式和灿烂的建筑文化。早在吐蕃时期，松赞干布与唐朝和亲。文成公主入藏带来耕种、纺织、建筑等一大批内地的先进工艺和技术，增进了吐蕃与南亚和中原地区的政治、经济和文化交流，促进了吐蕃经济文化和建筑技艺的发展。大昭寺主殿檐口上的动物造型的木雕是吸收克什米尔地区木雕艺术的代表之作。桑耶寺乌

孜大殿的建造，更是吸收和融合了多民族建筑文化的杰作，其大殿的上部、中部和底部做法，具有明显的尼婆罗（现尼泊尔王国）、汉地和藏地三种不同的建筑风格。一些大型和重要建筑使用的金顶和歇山构架等建筑构件和建造技艺也是借鉴和吸收中原地区建造工艺技术的具体表现。柱网结构是藏式传统建筑最主要和使用最普遍的结构形式，其中的柱和梁之间使用斗栱，形成的柱栱梁形式是藏汉建筑文化结合的最巧妙和最完美的典范。

吐蕃赞普松赞干布与文成公主、赤尊公主

日喀则夏鲁寺汉式屋顶

拉萨大昭寺主殿檐口，取自克什米尔地区的人面狮身木雕

第三节 藏式传统建筑的建制简述

西藏和平解放前，是政教合一的封建农奴制社会，广大人民群众和统治者之间具有明显的等级之分。统治者是权利和高贵地位的代表，使用的建筑物都有象征权利和高贵地位的特殊之处；老百姓使用的建筑物则比较简陋。藏式传统建筑建制在西藏历史上没有专门的文献记载，但在建筑的选址、高度、体量、色彩和装饰等方面有约定俗成的做法。

一、建筑选址

宫殿、庄园、寺院建筑一般都建在山上，以表现旧西藏三大领主的至高无上。老百姓的地位低下，其房屋通常建在山下。旧西藏的地方行政单位称为"宗"，宗政府建在山顶形成宗山建筑；老百姓的居民点称为"雪"，一般建在宗山之下。清顺治七年（公元1650年）是藏历铁虎年，甲大希雄规定：宗下属百姓负责维修宗山建筑，并提供宗本（宗政府的直接管理者）的佣人和伸巴（士兵）。

二、建筑高度

寺院供奉着佛像，佛陀在信教群众中具有崇高的地位，寺院建筑在当地是最高的建筑物。拉萨老城区的最高建筑是大昭寺，大昭寺的高度接近20m，其周围的众多民居和庄园，都不会超过大昭寺的高度。在西藏历史上形成了庄园比民居高，宫殿比庄园高，寺院比宫殿高的建筑建制情况。

三、建筑体量

和平解放前，藏式传统建筑的民居体量矮小，一般都是一柱间，条件较好的有两柱间，房间面积较小，一般为1m×2m、2m×2m、2m×3m，层高为2m左右，房间没有明显的功能划分。宫殿、庄园和寺院的体量较大，建筑面积一般为300～400m²，也有几千平方米甚至上万平方米的。建筑层数以2～3层居多，也有达到10层左右的，如白居寺的万佛殿有13层；小型殿堂平面多为4柱以上，面积有40m²左右；大型殿堂平面有100～200柱左右，面积在1000～2000m²，层高通常在2.2～4m之间，少数殿堂采用较高的层高，如类乌齐县的查杰玛大殿层高达15m。

四、建筑色彩

西藏建筑历史上，色彩的使用有相对固定的等级要求，黄色、红色主要用于寺院、宫殿等重要建筑，民居主要使用白色和黑色。色彩的使用因各教派和地区的不同而有差异，宁玛派、格鲁派、噶举派多用黄、红、黑、白色；萨迦派多用蓝色，并喜用红、蓝、白三色相间色带涂墙。一个地区等级最高的建筑物设置金黄色金顶。

五、建筑装饰

屋顶装饰上，民居建筑的屋顶上一般只安设简单的五色经幡、香炉等；寺院、宫殿建筑的屋顶上一般安设宝瓶、经幢、法轮等装饰。外墙装饰上，民居建筑大多没有装饰，有的使用手指涂墙形成弧形纹路，也有在大门两侧墙面上绘以驱邪避魔之图腾。寺院、宫殿、庄园的建筑使用红色的"边玛"檐墙，等级较高的使用双层"边玛"檐墙。室内装饰上，民居比较简单，基本上没有什么装饰；宫殿、庄园、寺院建筑中，梁柱、内墙面、顶棚都有木雕或彩绘装饰。

2

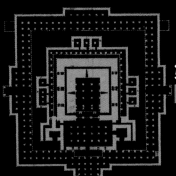

第二章 建筑平面

因西藏地势和宗教习俗影响，藏式传统建筑平面形式多样，十分丰富，具有较强的不规则和随意性。平面大多呈正方形、长方形、棱形、圆形和不规则多边形等。

一、宫殿建筑

宫殿建筑平面几乎囊括了藏式传统建筑的所有平面形式，并具有较强的不规则和随意性。布达拉宫作为宫殿建筑，其建筑平面有着典型特征。

布达拉宫主要由处理政务的白宫和处理教务的红宫组成，建筑布局因地制宜，依山而建，没有固定形式制约，因而产生不规则的平面和建筑形状。整个建筑群的平面布局没有明显的中轴对称性，平面形式随意性很强。

平面功能明确。白宫内的建筑从平面功能角度大致可分为三类：(1)为政府服务用的殿堂，如大殿、朝拜殿；(2)直接供达赖喇嘛起居生活的房间，如寝宫；(3)其他用房，如经师、摄政、管家、仓库及管理人员用房等等。红宫有供养历代达赖喇嘛的灵塔和进行宗教活动的佛殿。

单体平面形态多样。红宫的平面大致呈方形；白宫的平面大致呈梯形；西圆堡、虎穴圆堡、东圆堡分别呈半圆和圆形。

二、民居建筑

平面有矩形、圆形、回形、L形、U形等，但多以矩形为主。居室朝向以坐北朝南为主，风沙较大地区也有坐西朝东或坐东朝西的。相对宫殿，寺院建筑柱距较小，一般为2.0～2.4m。总体布局往往以寺院为中心，形成了独特的建筑布局形式，如拉萨大昭寺周围的八角街民居群，就是围绕大昭寺而逐步发展起来的，民居的屋门都朝向寺院，以表示主人对佛的虔诚和向往，同时也方便转经朝佛。这些民居没有统一的规划，布局比较随意。

三、庄园建筑

平面多以矩形为主，建筑面积较大。庄园的总平面布局具有较强的综合性，兼有生产、生活、佛事、防御等功能。主体建筑底层为生产用房、牲畜的用房等，中间层为居住用房及粮仓，顶层设有佛堂。作为防御，庄园修有高大的围墙。如朗赛林庄园设有两道围墙，内外墙之间有宽5～6m、深3m左右的壕沟。庄园平面另一个特点是除了主体建筑外还有一个或若干个院落，平面多呈矩形。

四、寺院建筑

西藏寺院建筑平面以矩形为主，兼有梯形、菱形、圆形和其他不规则多边形等。寺院内多以主殿(措钦大殿)以中心，所扎仓(佛经学院)次之，多数主殿建筑平面讲究对称，但寺院建筑群整体布局极少讲究对称，建筑灵活布置，平面布局形式变化比较大，尤其是僧舍随意散落于左右。寺院建筑平面形式具有以下主要特点：

　　(一)平面形式种类丰富多样；
　　(二)平面充分表现着佛教宇宙观；
　　(三)主殿平面常以"回"字形布置；
　　(四)主殿平面多布置"房中房"；
　　(五)底层至顶层平面形式变化较大。

第一节 宫殿建筑

一、布达拉宫

布达拉宫始建于公元7世纪，高117m，东西长370m，南北长100余米，共计13层，是西藏现存规模最大保存最完整的一座古代宫堡式建筑。布达拉宫以其磅礴的气势和独特的建筑风格，在中国乃至世界古代建筑史上占有重要的地位。

布达拉宫以红宫、白宫为主体，有城墙围绕。城堡呈长方形，东南各设有宫门，南宫门为正门，城堡的东南角、西南角建有碉楼。其平面布局随意，不强调中轴对称，追求纵向延伸，使得主殿高于其他建筑；逐层升高，突出了红宫、白宫等主体建筑的尊贵地位(图2—1)。

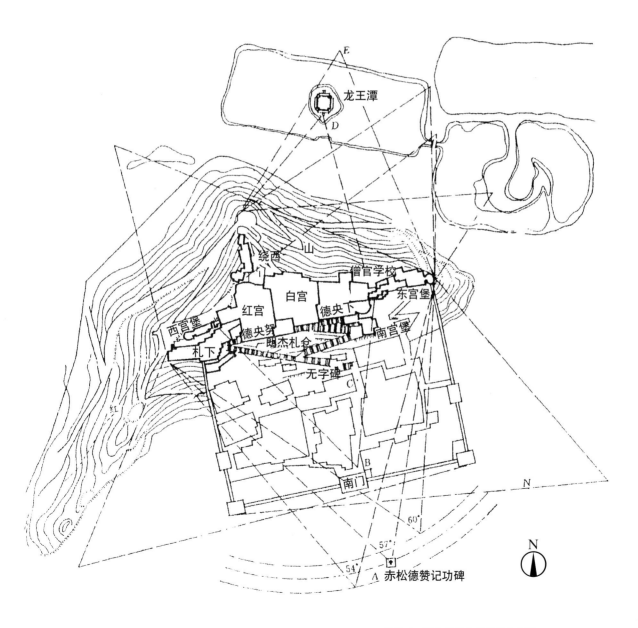

图2—1 布达拉宫平面视角分析图

（一）白宫

　　白宫平面大致呈梯形，主要为达赖喇嘛的寝宫和处理政务的场所。白宫共计7层，二层内部几乎无柱，内砌有很多矩形的地垄墙，形成小巷，其平面形式可承受巨大的压力；三层开间比二层稍大一些，设有门厅和内引室；四层根据三层墙体走向设柱，增大开间，其内设有供品室、僧舍、东大殿前厅、东有寂圆满大殿等；五层局部以薄墙分隔，内设有北立付室、堪布仓、主付局等；六层设有王宫、雪嘎、经师住处、嘎厦、本急收发室等；七层为顶层，设有福地妙旋宫、喜足光明天宫、观戏阁、净厨室、书房、长寿尊宫、寝宫、护法殿等（图2-2～图2-8）。

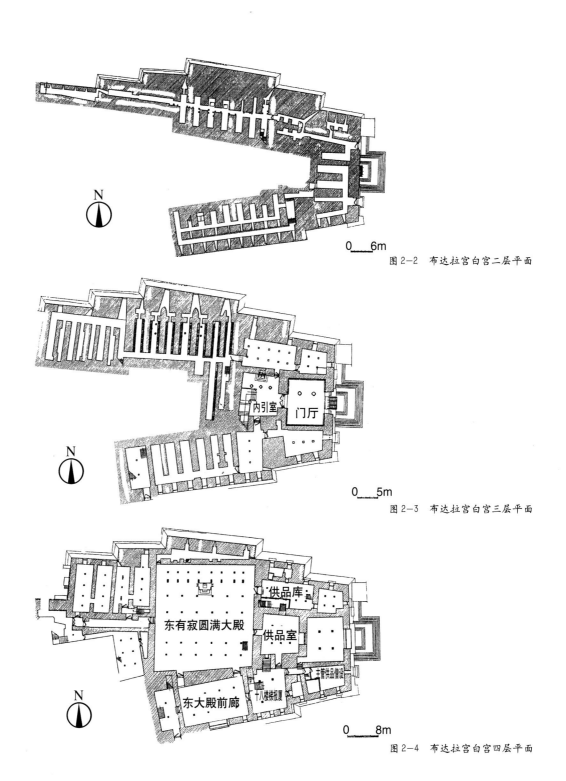

图 2-2　布达拉宫白宫二层平面

0　6m

内引室　门厅

图 2-3　布达拉宫白宫三层平面

0　5m

东有寂圆满大殿　供品库　供品室　主管供品僧设　东大殿前廊　十八楼梯扣厦

图 2-4　布达拉宫白宫四层平面

0　8m

18

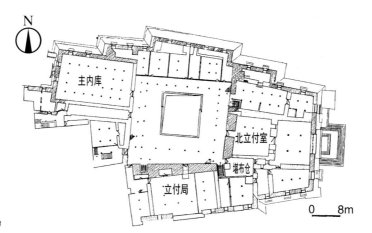

图2-5 布达拉宫白宫五层平面

0　　8m

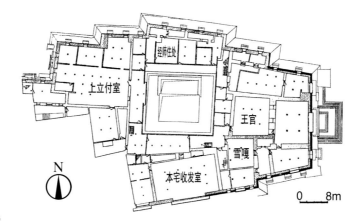

图2-6 布达拉宫白宫六层平面

0　　8m

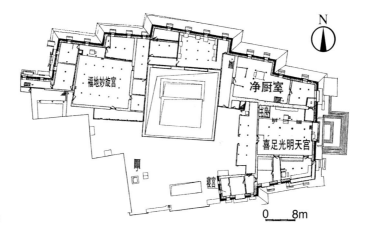

图2-7 布达拉宫白宫七层平面

0　　8m

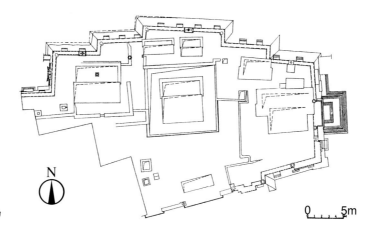

图2-8 布达拉宫白宫屋顶平面

0　　5m

（二）红宫

红宫位于白宫西侧，其平面大致呈矩形，分布有灵塔殿、佛堂、享堂等殿堂共有38座，为佛事活动场所。红宫共计4层：一层设有西有寂圆满大殿、持明殿、世袭殿、地母堡、较子殿、灵塔殿等；二层设有西有寂圆满大殿、持明殿、世袭殿、灵塔殿、菩提道次、药师殿等；三层设有灵塔殿、法王洞、经书库、供养室、响铜殿、释迦百行殿、秘书处、无量寿佛殿、释迦能仁佛殿、

时轮殿；四层设有灵塔殿、上师殿、长寿乐集殿、殊胜三界殿、坛城殿、弥勒佛殿、圣观音殿等。

西有寂圆满大殿面积最大，东西面阔九间，南北进深七间，44柱。其大殿四周各设佛堂，西面佛堂即五世达赖喇嘛灵塔殿，东面佛堂为菩提道次殿，南面佛堂为持明佛殿，左右壁列经橱，北面佛堂为达赖喇嘛专用殿堂（图2-9～图2-13）。

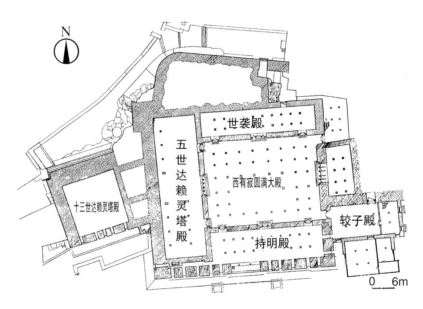

图2-9 布达拉宫红宫一层平面

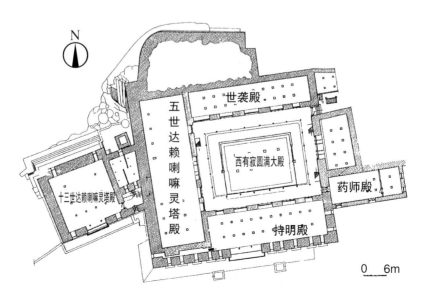

图2-10 布达拉宫红宫二层平面

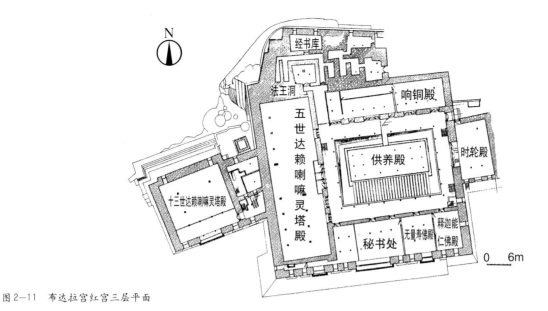

图2-11 布达拉宫红宫三层平面

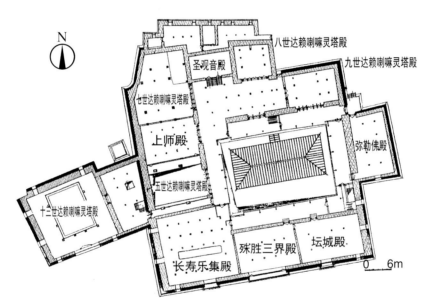

图2-12 布达拉宫红宫四层平面

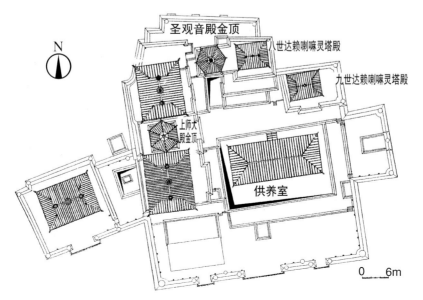

图2-13 布达拉宫红宫屋顶平面

二、罗布林卡

罗布林卡位于拉萨市西郊，为达赖喇嘛的夏宫，它是一组占地36hm²的园林式建筑群，始建于公元18世纪中叶。罗布林卡中主要宫殿建筑有格桑颇章、金色颇章和达旦米久颇章等。

格桑颇章是专为七世达赖喇嘛修建，供其处理政教事务的场所，平面呈"L"形，高3层，底层为大经堂，面积约277m²。殿堂中间为3.5m×12.5m的天井，呈半开敞式。日光殿是达赖喇嘛的办公地点。殿前是宽敞的抱厦廊道，是僧俗官员觐见等候的地方。廊西北处有扶梯直到二层。二层西南面是晒台，占底层面积的四分之一。建筑东南侧是达赖喇嘛的阅经室，面积7.2m²，东部是护法神殿。二层西南角有楼梯直通三层，三层设有达赖喇嘛批阅公文、召见高级官员的经堂，经堂上辟天窗(图2—14)。

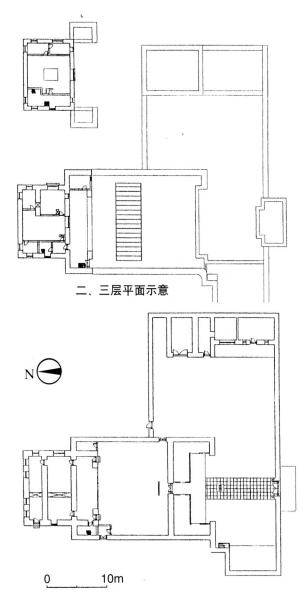

二、三层平面示意

N

0   10m

图2—14 罗布林卡格桑颇章平面

达旦米久颇章是十四世达赖喇嘛的新宫。平面大致呈"由"字形,门厅东南部分是达赖喇嘛的客厅,西南部分是经堂。底层的其他房间为库房。门厅正北面为楼梯,楼梯间设有天窗。二楼南北分别设有小经堂和大经堂。小经堂面积66m²,是十四世达赖喇嘛处理政教事务的地方。大经堂面积84m²,是举行小型庆典活动场所。东侧除小客厅外,还有达赖喇嘛母亲的卧室与卫生间。西南角有达赖喇嘛的卧室、起居室等(图2-15,图2-16)。

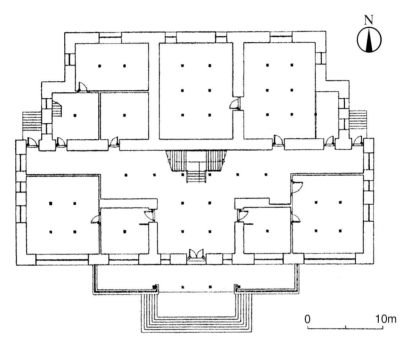

图2-15 罗布林卡达旦米久颇章一层平面

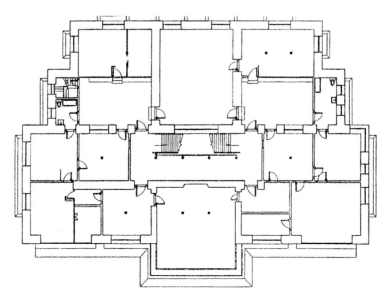

图2-16 罗布林卡达旦米久颇章二层平面

第二章 建筑平面

23

措吉颇章(湖心宫),为一小阁建筑。平面大致呈长方形,7.2m×14.9m,室内按汉族生活方式布置。景区中的主要建筑物是坐落在绿波之上的湖心宫和龙王宫。过去每逢藏历节日,曾为达赖喇嘛宴请僧俗官员的地方。

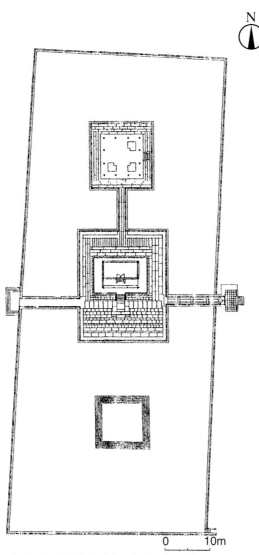

N

0　　10m

图2-17　罗布林卡措吉颇章(湖心宫)平面

金色颇章是专为十三世达赖喇嘛修建的宫殿。这是一座庭院式的建筑,平面大致呈"申"字形,主殿高3层。底层是日光殿,约376m²,是达赖喇嘛每日朝会听政的大殿。大殿门外有僧俗官员朝觐等候的门廊,两侧还有朝房。二层中为一天井,天井南面是观戏楼。三层有小经堂,顶开天窗(图2–18)。

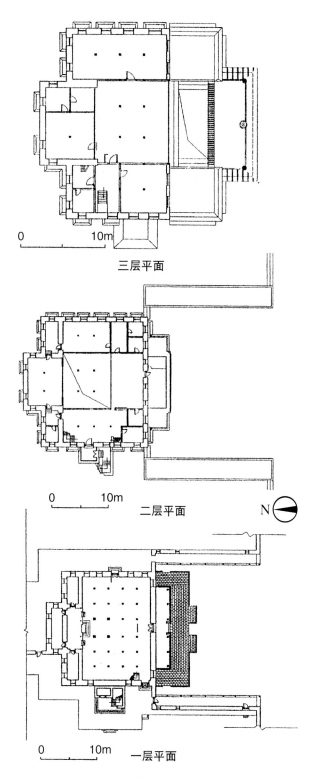

0　　　10m

三层平面

0　　　10m　　　二层平面

N

0　　　10m　　　一层平面

图2–18　罗布林卡金色颇章平面示意

三、古格王国都城遗址

古格王国都城遗址位于扎达县距象泉河 2km 处的一座山上，占地面积约72hm²。宫城位于山峦的顶部，平面呈 S 型，南北长约210m，东西最宽处约78m，最窄之处17m左右。城内由寺庙、民房、王宫、暗道、洞窟、佛塔、碉堡等各类建筑组成，大部分建筑集中在山体东面依山叠砌，层层而上。目前遗址内的红殿、白殿等五座建筑保存完整。

北部是王室的居住区，有国王的夏宫、东宫等。山顶中部为宫廷佛堂，有三座建筑。佛殿之南，有一组建筑十分规整。房间分割都比较大。山顶的南部，建筑群环绕一广场而建(图2-19)。

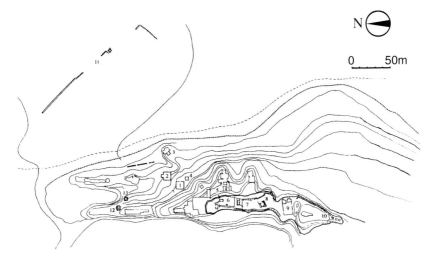

图 2-19 古格王国都城平面

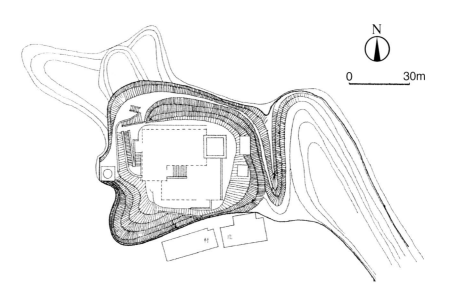

图 2-20 雍布拉康总平面

四、雍布拉康

雍布拉康始建于公元前约200年，位于山南乃东县，规模较小，曾为松赞干布与文成公主之冬宫。雍布拉康为碉楼式建筑，平面呈矩形。主体建筑位于整个建筑东端正中，上小下大，外观为5层，内部实为3层（图2-20～图2-23）并有一节4层小空间。

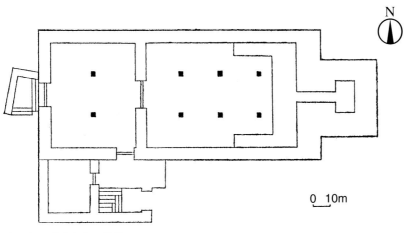

0　10m

图2-21　雍布拉康一层平面

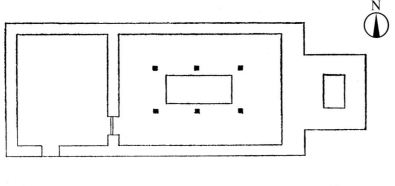

0　10m

图2-22　雍布拉康二层平面

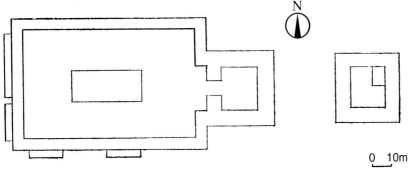

0　10m

图2-23　雍布拉康三、四层平面

第二章　建筑平面

27

五、宗山建筑

宗山建筑主要为地方首领和地方政权服务，是由城堡及宗教殿堂组成的建筑群，具有宫殿性质。建筑群随山势布置，无一定形制，平面多为不规则形状（图2-24～图2-27）。

江孜宗山在日喀则东南约90km处，年楚河的北岸，卡罗拉山上，是西藏自治区现存规模最大和保存最好的宗山建筑。东、西、北三面筑有围墙，南面为帕巴桑颇章，北面为一座经堂，经堂南北作6柱，东西作3柱。在经堂的北端建有一小佛殿。经堂的南面建有一座3层高的宫殿建筑，底层和二层为地垄墙和仓库，三层是王室用房，东南角是"威镇殿"。

琼结宗山位于山南琼结县琼结乡，是西藏历史上最早的宗山建筑，吐蕃时期的藏王曾在此居住和朝政。其建筑背靠大山，面向河谷，建筑规模宏大。

曲水宗山位于拉萨市曲水县，依山建造，十分巧妙地利用了山顶地形，建筑总平面呈不规则形。

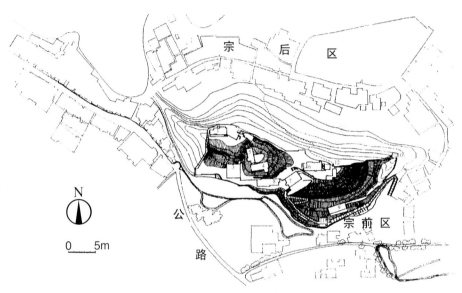

1-则加　2-却姆觉　3-响铜殿　4-西宗　5-热丹衮桑帕旧宫　6-东宗　7-新宗　8-孜拉康　9-瞻佛台　10-吉布觉　11-大门　12-马场，奶牛场

图2-24　江孜宗山总平面

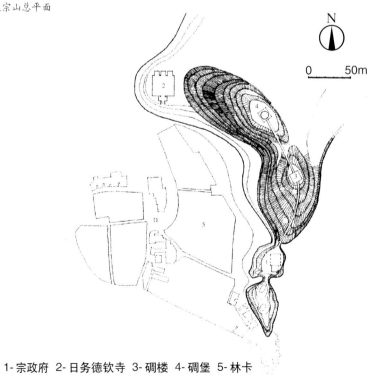

1-宗政府　2-日务德钦寺　3-碉楼　4-碉堡　5-林卡

图2-25　琼结宗山总平面

日喀则宗山位于日喀则市内山坡之上，扎什伦布寺北侧。西藏历史上有前藏、后藏之分。日喀则宗山属后藏宗山建筑，其建筑布局及建筑形式，在相当程度上模仿了前藏地区拉萨的布达拉宫。

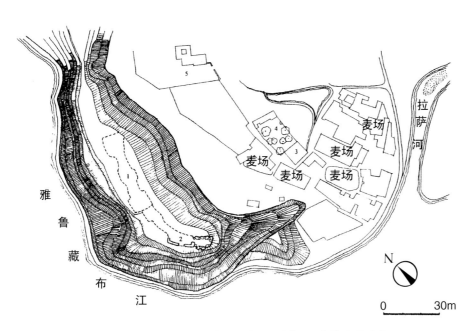

1- 宗政府遗址　2- 寺庙遗址　3-1957 年新建宗政府　4- 林卡　5- 今曲水县政府

图 2-26　曲水宗山总平面

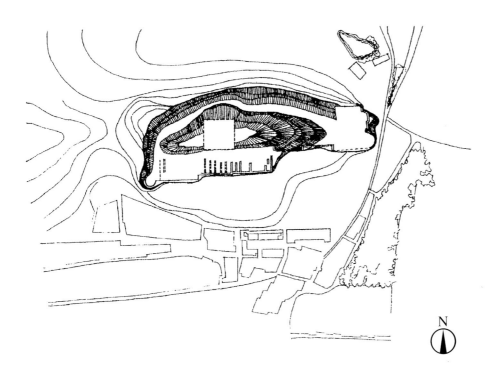

图 2-27　日喀则宗山总平面

六、定结宗山建筑

定结宗山建筑位于定结县，坐落在定结平原中的一座小石山上，始建于17世纪末。定结宗山建筑集办公、仓储、监牢、佛事等功能于一体。该建筑座北朝南，平面呈"回"字形。南北长42m，东西宽26m，高2层，分为前后院两部分。前院一层门廊两侧为马厩，中为空坪，坪东侧两间库房，西侧一间为牛圈，一间为佣人住房，其二层

门廊之上有五间住房，为宗政府人员宿舍，东西两侧各有高级卧室，为宗本住房及贵宾客房，前院主要为居住区，后院主要为办公区。大门开在前院空坪北侧正中，门前有5级石阶，其下层过门房为一堂屋，面积80m²。堂屋东、北、西三侧共有五间粮仓及牢房，其上层中间为一天井，天井南侧即一层门房之上为宗政府办公室，天井西侧为护法神殿和肉仓、粮仓，天井东侧为宗政府的经房及杂屋，天井北侧为一座佛殿（图2-28）。

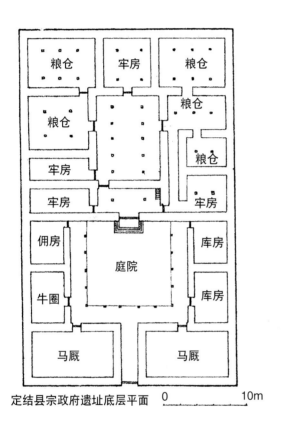

定结县宗政府遗址底层平面　0 ——— 10m

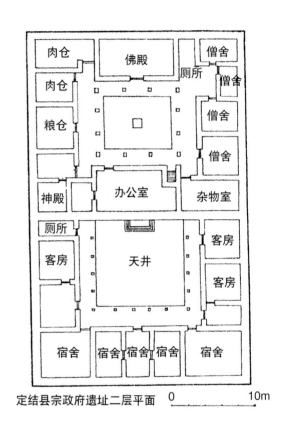

定结县宗政府遗址二层平面　0 ——— 10m

图2-28　定结宗山建筑

第二节 民居建筑

一、拉萨地区

（一）拉萨市蔡公堂民居

该建筑为单层，坐北朝南，平面呈矩形，由主体建筑、两个庭院、厕所、牲畜用房组成。西庭院为居住区，北面为主体建筑，西南角为厨房，东南角为厕所。东庭院属牲畜用房及生产区，北为牲畜用房，其庭院作存放生产工具之用。主体建筑中设有三间卧室和佛堂、客厅、储藏室等（图2—29）。

（二）拉萨市郊民居

该建筑为2层，坐北朝南，主体建筑呈"L"形，由两个庭院、厕所、草料库、牲畜使用房组成。其西庭院为居住区，北面为主体建筑。东庭院由西庭院东面入门，属牲畜区，北为草料房，东南角为牲畜用房。主体建筑一层设有储藏室、客厅、卧室等；二层设有卧室、佛堂、阳台、储藏室、厨房。其庭院内设有楼梯上二层阳台（图2—30）。

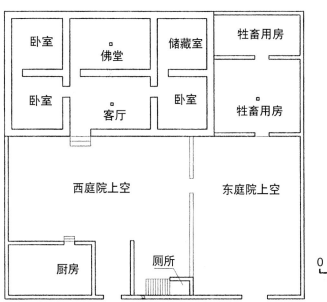

图2—29 拉萨市蔡公堂民居平面

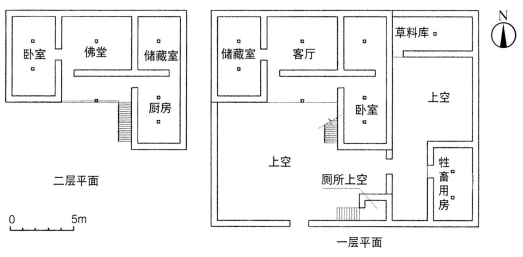

图2—30 拉萨市郊民居平面

（三）拉萨市聂当乡民居之一

该建筑为单层，坐北朝南，平面大致呈矩形。庭院的南面正中开大门，进大门的正对面是二柱间的客厅，客厅的窗户比较大，便于采光。从客厅可进一柱间的厨房和二柱间的卧室兼佛堂，由此还可进入主体建筑西北角的一间小卧室。牛圈在居住区的东侧，厕所在庭院的东南角外侧（图2-31）。

（四）拉萨市聂当乡民居之二

该建筑为一层，坐北朝南，整个建筑平面呈矩形，面积较大。大门开在东南角，正中靠北是主体建筑即居住区，正中是二柱间的客厅，客厅的左右两侧分别是储藏室和粮仓。客厅前是小外廊，粮仓前是一柱间的佛堂，储藏室的前面是卧室。主体建筑的东西两侧分别是牛圈和羊圈，在庭院的西南角为牛圈。该建筑平面布局的主要特点是厨房单独设在庭院里（图2-32）。

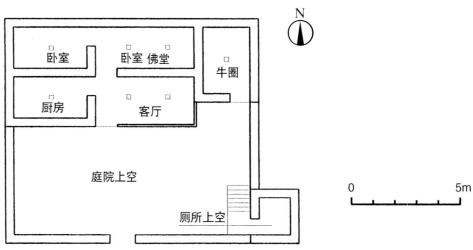

图2-31 拉萨聂当乡民居之一平面

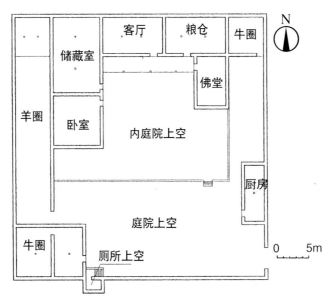

图2-32 拉萨聂当乡民居之二平面

(五)拉萨市堆龙德庆县民居

该建筑为一层,坐北朝南,平面形状不规则。主体建筑设有大庭院,其内有牛羊圈等。主体建筑的平面为二柱间的厨房兼卧室,一柱间的储藏室、佛堂(图2-33)。

(六)拉萨市老城区民居

拉萨老城区民居主要集中在八角街,围绕大昭寺修建,平面布局随意且不规则,房间多为居住功能,僻静房间过去多设有佛堂(图2-34)。

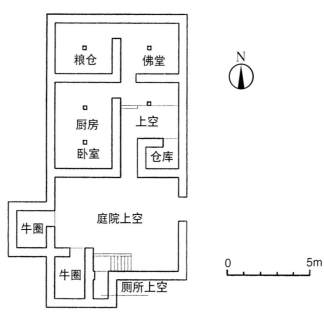

图 2-33 拉萨市堆龙德庆县民居平面

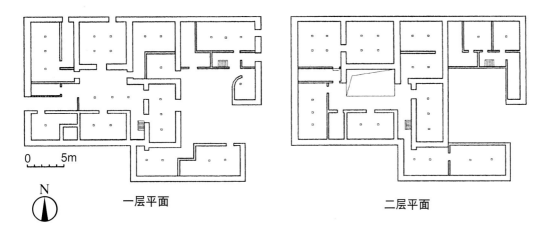

图 2-34 拉萨市老城区民居平面

第二章 建筑平面

二、日喀则地区

(一)日喀则地区萨迦县麻加乡民居

该建筑为2层,坐北朝南,平面呈"凹"形。一层属生产及储藏区,南面墙正中开门,入门即为庭院,庭院西、北、东三面围绕有牲畜房、草料房。由庭院内的楼梯上二层晒台,晒台西南角为厕所,北面为佛堂、卧室,东面是厨房(图2—35)。

(二)日喀则地区强久乡民居

该建筑为2层,坐北朝南,平面呈"回"字形,一层属生产及储藏区,南面墙正中开门,天井居中央,回廊、牲畜房、草料房围绕在四周。由正门西侧的楼梯上二层,二层南面无房,设有回廊、厨房、库房、卧室、佛堂、客厅。(图2—36)。

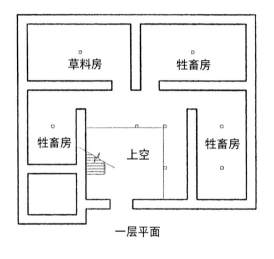

一层平面

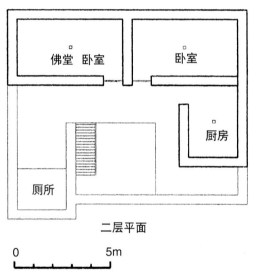

二层平面

0　　　　　　5m

图2—35　日喀则萨迦县麻加乡民居平面

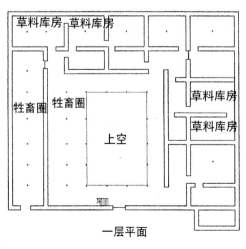

一层平面

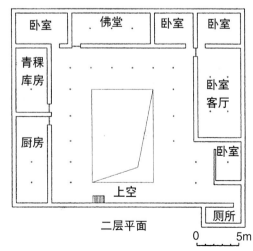

二层平面

0　　　　　　5m

图2—36　日喀则强久乡民居平面

(三)日喀则地区夏鲁村民居

该建筑为2层,坐北朝南,平面呈矩形。一层南面墙西侧开门,入门即门厅,过门厅即为内引室,北为牲畜圈,西为牛粪房,南为草料房。内引室楼梯上二层。二层北为佛堂和卧室,西为卧室,南面为厨房,阳台及厕所(图2-37)。

(四)日喀则地区白朗县巴砸乡民居

该建筑为一层,坐北朝南,平面呈矩形。庭院的南墙中开有大门,进庭院大门正对面是二柱间的

佛堂兼卧室,左侧为一柱间的厨房兼卧室和一间储藏室,右侧为草料库,西南角是厕所(图2-38)。

(五)日喀则市区民居

该建筑为一层,坐北朝南,平面形状呈矩形。主体建筑分居住区和庭院,厨房设在庭院里。主体建筑的地面高于庭院,其平面布局由二柱间的客厅、一柱间的粮库组成。佛堂前是一个内廊,其窗户比较大,有利于采光,平面布局灵活(图2-39)。

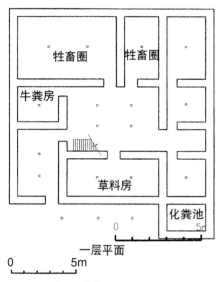

一层平面

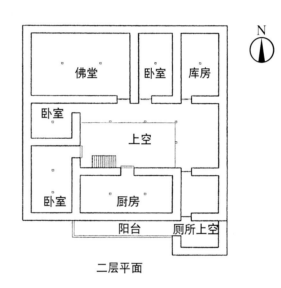

二层平面

图 2-37 日喀则夏鲁村民居平面

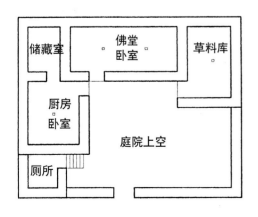

图 2-38 日喀则白朗县巴砸乡民居平面

图 2-39 日喀则市区民居平面

三、山南地区

（一）山南地区扎其乡民居

该建筑为两层，坐北朝南。一层西面为草料库、牲畜房；东面为草料房、木材库；东南角为鸡圈；门厅居中。由门厅楼梯上二层，二层主要布置了卧室和佛堂(图2-40)。

（二）山南地区泽当镇民居

该建筑为一层，坐北朝南，整个平面呈"L"形，平面布局比较随意，充分利用了空地。其主要特点是设有两个庭院，主体建筑在内庭院，外庭院里设有草料库、牛圈等(图2-41)。

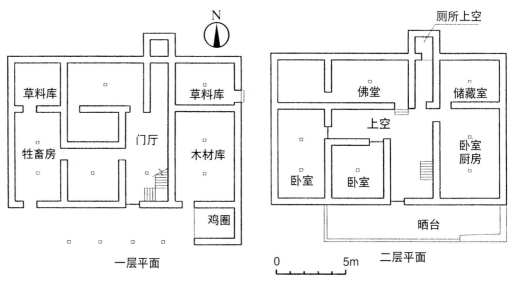

图2-40 山南扎其乡民居平面

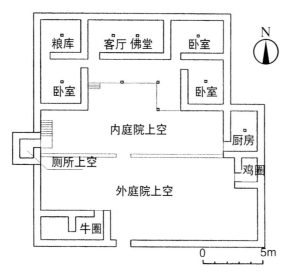

图2-41 山南泽当镇民居平面

（三）山南地区曲德贡村民居

该建筑为2层，坐北朝南，平面呈矩形。一层属生产、储藏区，南面墙正中开门，入门即门厅，由门厅楼梯上二层。其门厅西为牲畜用房，东为粮库，北面为草料库。二层为晒台，晒台两侧为厨房及卧室，北面为卧室、佛堂、厕所、杂物库房（图2-42）。

（四）山南地区亚堆乡民居

该建筑为一层，坐北朝南，主体平面呈矩形，庭院平面形状不规则。主体建筑的南面墙中开门，平面布局为二柱间的厨房兼卧室，一柱间的小卧室、佛堂、储藏室及门厅。主体建筑的东侧为牛圈，厕所在庭院的西南角（图2-43）。

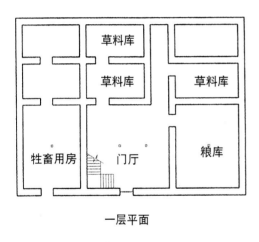

一层平面

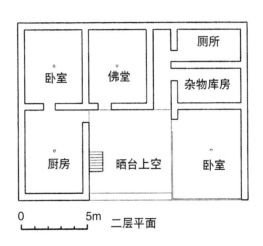

二层平面

图2-42 山南曲德贡村民居平面

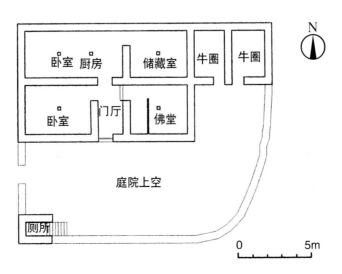

图2-43 山南亚堆乡民居平面

第二章 建筑平面

（五）山南地区曲松县下江乡民居

　　该建筑为两层，坐北朝南，平面呈矩形，整个建筑依山而建。一层主要是生产、储藏区。二层是居住区，其特点是平面布局比较对称，各间的面积比较大，客厅前设有阳台（图2-44）。

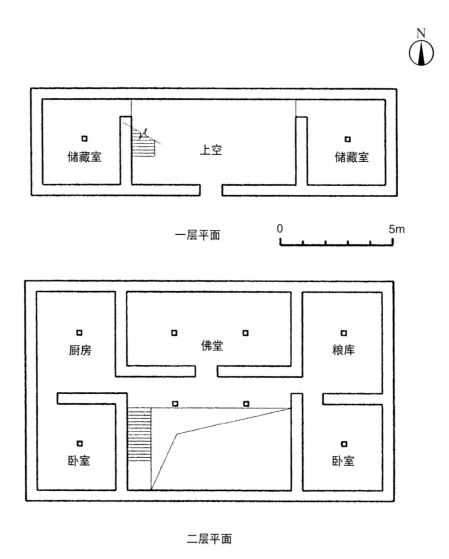

图2-44　山南地区曲松县下江乡民居平面

四、林芝地区

(一)林芝县错高乡民居

该建筑为两层藏式木板屋,坐北朝南。一层为架空层,由石头砌外墙隔断,属储藏区,层高较低,整个一层作草料及杂物库;二层由木板分隔,楼梯间居中,北面外挑厕所,南面外挑晒台,西北角为佛堂,东北角为储藏室,西南及东南为卧室、客厅(图2-45)。

(二)林芝县排龙门巴乡民居

该建筑为单层藏式木板屋,平面呈矩形。整个平面以木板分隔,分为佛堂、三间卧室、储藏室、客厅(图2-46)。

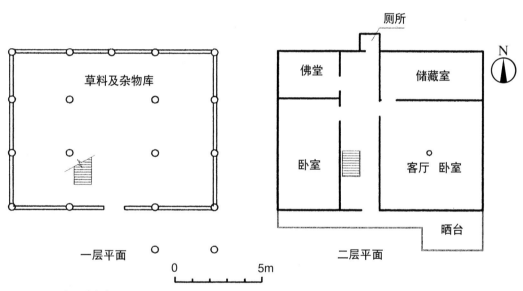

图2-45 林芝县错高乡民居平面

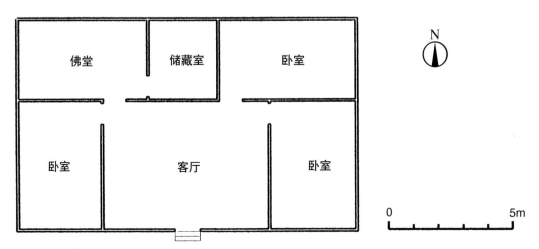

图2-46 林芝排龙门巴乡民居平面

（三）林芝县民居

该建筑总体由主体建筑、庭院、厨房组成，外墙石砌。主体建筑为单层，坐北朝南，平面呈矩形。内墙由木板分隔，布置两间卧室、佛堂、客厅（图2-47）。

（四）林芝县百巴乡民居

该建筑为两层，坐北朝南，平面呈矩形，底层为300mm厚的石墙，有利于防潮。一层用木板墙，底层平面布局为一间大厨房和储藏室；由门厅楼梯到二层，二层为一间大客厅和卧室，二层的内墙是用木板分隔的（图2-48）。

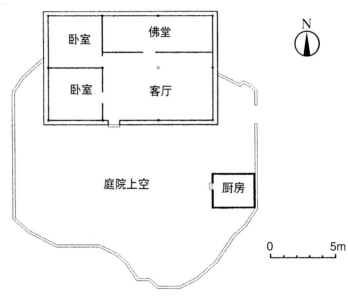

图2-47 林芝县民居平面

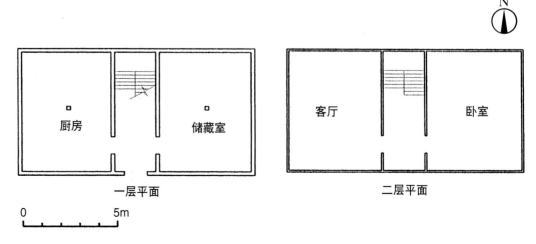

图2-48 林芝县百巴乡民居平面

五、阿里地区

（一）阿里地区普兰县民居

该建筑为两层，坐北朝南，平面呈矩形，由主体建筑、庭院及羊圈组成。东侧羊圈可直接由主体建筑东侧门通往草料库。主体建筑平面呈矩形，一层属生产和储藏区，开间较小，由狭小门厅内楼梯上二层；二层开间相对一层较大，布置有佛堂、厨房、卧室及杂物室（图2-49）。

（二）阿里地区日土县日土一村民居

该民居依山而建，为错层式单层建筑，平面呈"L"形。下部设有厨房、仓库，由厨房外楼梯上晒台，上部有客厅、佛堂、卧室、仓库（图2-50）。

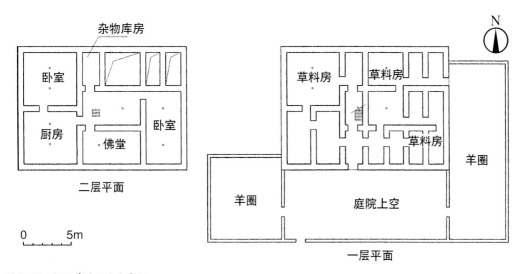

图2-49 阿里普兰县民居平面

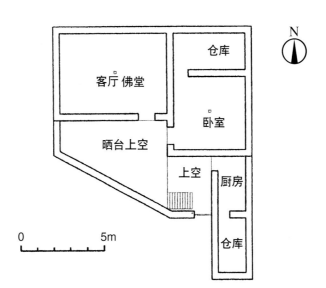

图2-50 阿里日土县日土一村民居平面

（三）阿里地区扎达县民居

该建筑为2层，坐北朝南，平面布局灵活、自然，平面不规则。庭院的东面墙中开有大门，进大门正对面是两间大小相等的卧室，进大门北侧是两间二柱间的卧室，厨房在西南侧卧室的前面。二层是矩形的佛堂，前面是个晒台，从庭院里的楼梯上厕所。主体建筑的东北角和西北角分别是两个大小不同的羊圈（图2—51）。

（四）阿里地区日土县老城民居

该建筑为一层，坐西朝东，平面呈矩形。平面布局比较单一，主体建筑所占面积比较小，平面不对称。庭院比较大，其内设有牛圈、草料库等（图2—52）。

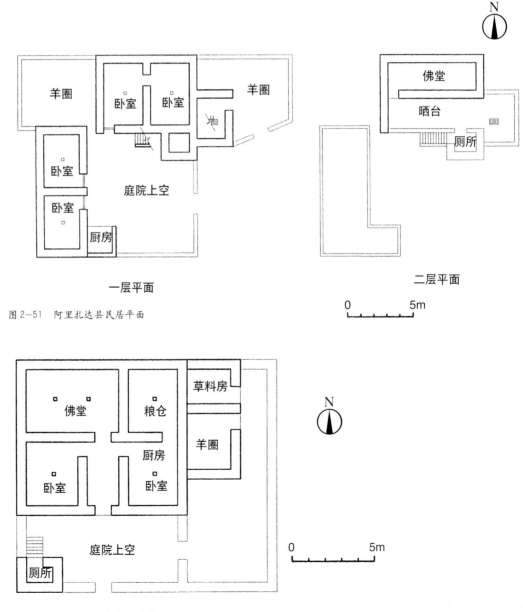

图2-51 阿里扎达县民居平面

图2-52 阿里日土县老城民居平面

六、昌都地区

(一)昌都巴中村民居

该建筑依河而建,为2层藏式楼房,由主体建筑及庭院组成。主体建筑南墙正中开门,平面呈矩形。一层布置杂物库房及草料库房等,属生产、储藏区,由正中央楼梯上二层。二层布置卧室、佛堂、客厅及外挑厕所(图2-53)。

(二)昌都察雅镇民居

该建筑为2层,坐北朝南。一层进门为门厅,西面为客厅,客厅西面设两间卧室,东面为厨房及杂物室,从北楼梯上楼。二层中设有晒台、客厅,西为佛堂、卧室,东面为卧室及楼梯间(图2-54)。

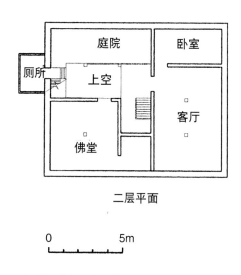

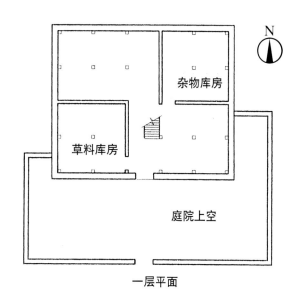

图 2-53 昌都巴中村民居平面

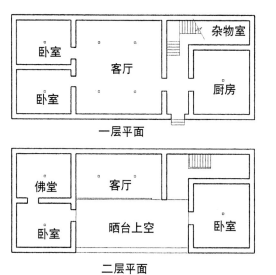

图 2-54 昌都察雅镇民居平面

（三）昌都左贡县东巴乡民居

东巴乡坐落于左贡县一山谷内，海拔较低，建筑较为密集，其单体较庞大，层高大多在4.5m左右。

该建筑为两层围合式建筑，平面呈"回"字形。一层属储藏区，中央为天井，天井四周由回廊及房屋围合而成；二层分布有回廊、6间卧室、厨房、客厅、佛堂及东北外墙外挑厕所(图2-55)。

（四）昌都左贡县民居

该建筑为两层，坐北朝南，平面呈矩形。底层为一个布满柱子的大开间；二层西北角和东北角处各有一间卧室，西南角为佛堂，东南角为一个大开间的客厅兼厨房，东面外挑厕所(图2-56)。

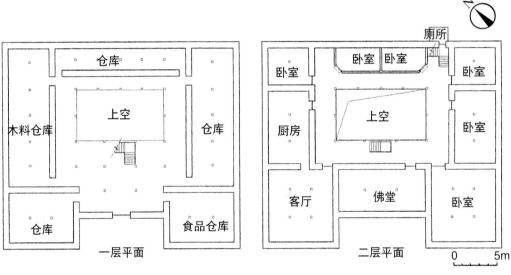

图2-55　昌都左贡县东巴乡民居平面

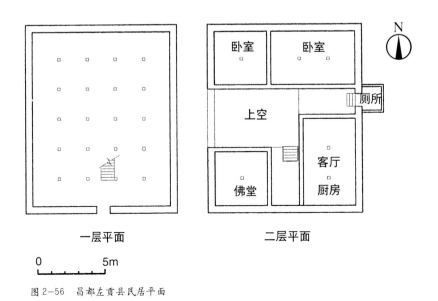

图2-56　昌都左贡县民居平面

（五）昌都县柴维乡民居

　　该建筑为两层，坐北朝南，平面呈矩形。底层为架空层，属生产、储藏区。二层平面布局为三柱间的大客厅，二柱间的佛堂、厨房兼卧室及一柱间储藏室、晒台等。平面布局灵活（图2-57）。

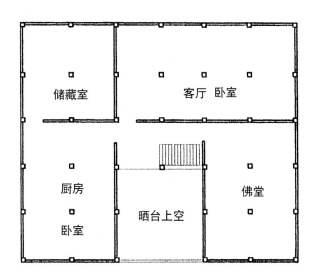

二层平面

一层平面

0　　　　　　5m

图2-57　昌都县柴维乡民居平面

七、那曲地区

(一)那曲索县民居之一

该地区属牧区，帐房居多，固定式传统民居
较少。该建筑为单层，坐北朝南，由庭院及主体
建筑组成，佛堂、卧室及厨房都共为一室，储藏
室、草料库另设(图2-58)。

(二)那曲索县民居之二

该建筑为两层，坐北朝南，主体建筑平面呈
矩形。其平面的主要特点是：由于该地区属牧区，
一层设有较大的牛羊圈,二层平面布局比较对称,
单间面积较大(图2-59)。

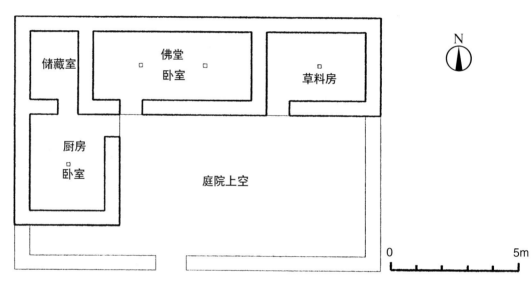

图 2-58 那曲索县民居之一平面

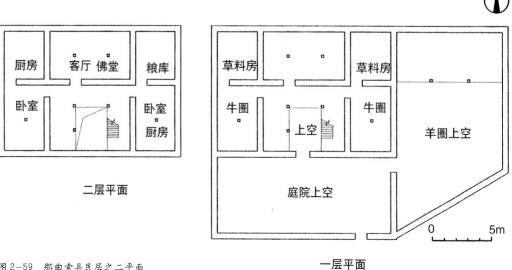

图 2-59 那曲索县民居之二平面

46

第三节　庄园建筑

一、卡内庄园

卡内庄园位于山南桑日县沃卡乡，庄园平面呈正方形，占地624m²。庄园的主体建筑坐西向东，高3层。进门后是进深2柱、宽2柱的门庭，门庭内设有木梯上二层。在门庭左边是一间2柱面积的青稞仓；右边是4柱面积的密室，密室虽在底层，但门却设在二层相应的仓库内。门庭正面是一间6柱面积的仓库，仓库右边有一间6柱面积的监牢，左边是2柱间的仓库，最里面是两个狭长的仓库。二层上楼梯后是带天井的庭院，庭院前是2柱间的伙房、酒房和食品库房，其中库房地面的左角下是底层密室通道，仓库内地面有底层粮仓的装粮口。庭院左边是两间佣人住房，右边是6柱间的会客室。三层是庄园主的住

房和经堂(图2—60)。

二、只龙庄园

只龙庄园位于山南桑日县沃卡乡白金村，高3层，庄园主体建筑的占地面积为283m²。

只龙庄园平面呈矩形，建筑座东西偏南。底层是三间大库房，共计16根柱。二层、三层为住房，其中二层有大小10间住房，一般每间为1柱。从其平面大小布局来看，较大的、采光充足的是庄园主住房，其余为庄园佣人住房。三层南端有一套三间的卧室；三层北端是两套两柱间的住房；三层中间是一间4柱面积的经堂，这个经堂也兼作会客室(图2—61)。

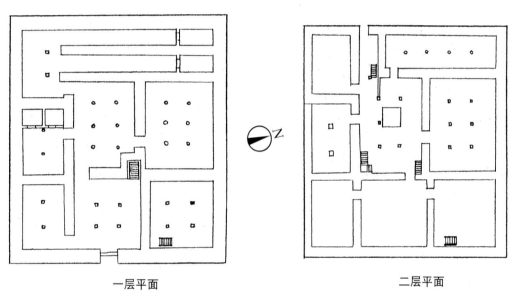

一层平面　　　　　　　　二层平面

图2—60　卡内庄园平面

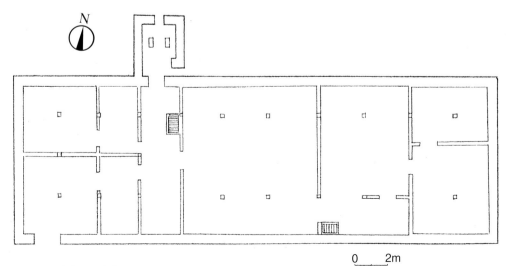

0　　2m

图2—61　只龙庄园一层平面

三、拉萨北郊拉鲁庄园

拉鲁庄园位于拉萨市北郊,拉鲁湿地南侧。该建筑底层为库房,二层以上住人,主人住顶层。中央有一天井,四周为房间,从而成为一个内院式建筑。庄园主层中央没有入口,但从主层前两侧围廊边设楼梯直通二层,作为庭院到主层的主要入口。主层第二层中央,有一个很大的殿堂(图2-62)。

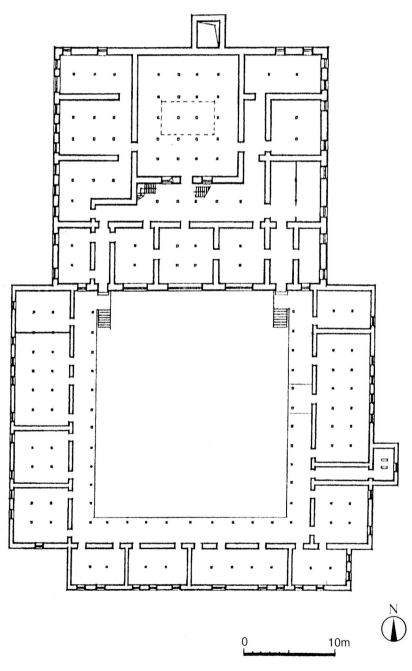

0   10m

N

图2-62 拉萨北郊拉鲁庄园平面

四、十一世达赖喇嘛家院

十一世纪达赖喇嘛家院位于拉萨市八角街。该家院平面呈不规则形状，一层有盐库、藏戏服装库和酿酒用房，靠近街面的部分做出租房；第二层北侧正中为佛殿，南侧为管家会议用房和文件库，西侧为厨房、主副食仓库和家具库房；第三层为主人用房，有卧室、起居室、经堂、餐室以及佣人房、奶妈的住室等等。主层内有一个殿堂，作为宗教活动和家庭喜庆用(图2-63)。

五、朗赛林庄园

朗赛林庄园位于山南地区扎囊县扎其乡，设有双重围墙，整体平面呈长方形。墙基宽约4.5m，底部上部以夯土为墙，夯墙隔层夹有石板，下宽上窄，收分较大，墙顶宽2m。

主楼在围墙内，坐北朝南。进主楼大门即是第三层，房间狭小低矮且很不规整，房内也相当阴暗(图2-64)。

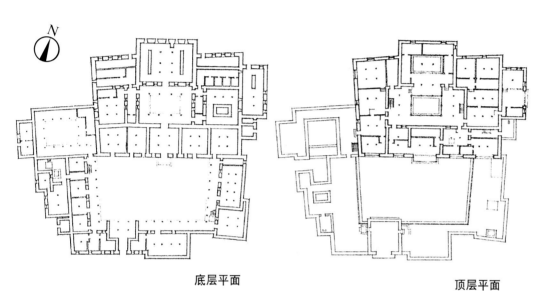

底层平面　　　　　　　　　顶层平面

图2-63　十一世达赖喇嘛家院平面

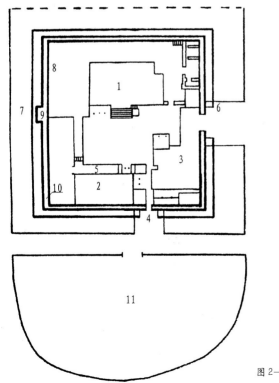

1. 主楼
2. 附楼
3. 平房
4. 庄园内
5. 牲畜棚
6. 外围濠
7. 外围墙
8. 内围墙
9. 望楼
10. 碉楼
11. 花园

0　　10m

图2-64　朗赛林庄园平面

六、七世达赖喇嘛家院

　　该家院位于拉萨，坐北朝南，平面形状不规则。建筑内有朝拜殿、经堂、卧室、厕所等。朝拜殿为政教活动的用房，朝拜殿与卧室的交通路线关系是先经朝拜殿，然后才是卧室（图2-65）。

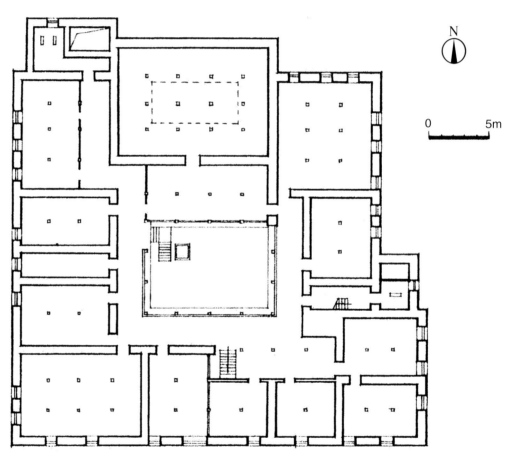

图2-65　七世达赖喇嘛家院平面

七、十四世达赖喇嘛家院

十四世纪达赖喇嘛家院位于拉萨市八角街西北1km处。该家院由主层和前院两个部分组成，前院为2层，底层用作仓库或奴隶（朗生）、佣人的住房，也设置部分客房，接待来客；二层基本上是管家用房以及管家所用厨房，以管理庞大的庄园和财产。主层平面呈回字形，中间为天井，房底层主要是各种库房(图2-66)。

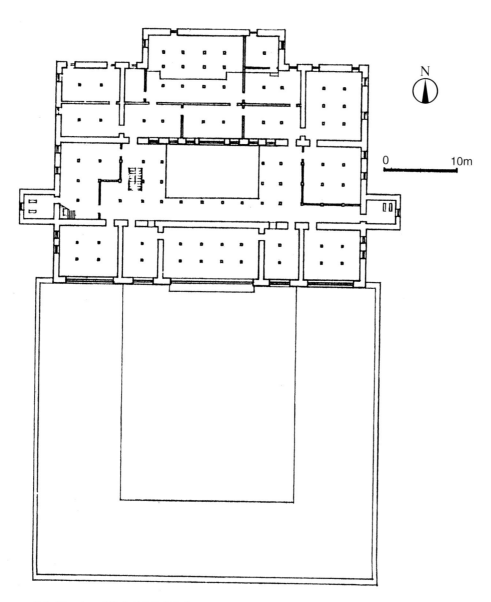

N

0　　　　　　　　10m

图2-66　十四世达赖喇嘛的家院平面

第二章 建筑平面

第四节　寺院建筑

西藏寺院平面以矩形为主,多以措钦大殿(主殿)为中心,建筑群布局比较灵活,依山就势,平面布局变化较大。主殿具有对称性,其他寺院建筑平面布局形式具有较强的随意性和不规则性。其平面形式特点主要有以下五点。

一、平面形式种类丰富多样

西藏传统建筑中的寺院建筑没有固定的平面形式,在不同地区和不同教派中存在一定差异,但这种差异不大并且没有文字的规定。所以,很难概括出哪一种平面形式为某一地区或某一教派的寺院所固有。事实上,西藏传统建筑中的寺院建筑平面具有很强的随意性和不规则性,常见的平面形式种类,有正方形、长方形、菱形、其他多边形以及圆形等,也有将几种平面类型组合在一起的,并且各地寺院建筑规模尺度不一。西藏历史上第一座寺院桑耶寺的建筑平面就由正方形、长方形、圆形等平面形式所组成,形式十分丰富。以下5组寺院建筑平面充分反映了寺院建筑平面的第一个特点。

（一）敏珠林寺

敏珠林寺位于山南地区扎囊县,坐西朝东,北靠山体,正前方有一片开阔的山谷。

敏珠林寺建筑规模较大,占地面积约为10万余平方米,平面为不规则多边形。大门原有两座,一座门朝东开,而较小的门朝北。祖拉康是敏珠林的主殿,坐西朝东,从门廊进去是20根方柱的大经堂,其中有两根大柱通向二层,高5.5m,短柱高3m,进深6间,面阔5间。白钦拉康在大经堂的右方,为6柱面积,佛殿为无柱小间,内供有佛像。供品殿的面积为六根柱子,主要作为存放供品的房间。

祖拉康的二层有五座小拉康:德萨拉康、民久德珍拉康、歇热拉康、卫朗拉康、白玛旺杰拉康。民久德珍拉康有4根柱子的面积,在南边第一间内供有民久德珍的银制灵塔。歇热拉康在德萨拉康的西面,有6柱面积。卫朗拉康位于二层北边第2间,内有6柱面积。白玛旺杰拉康位于二层北边第1间,面积为4根方柱子(图2-67)。

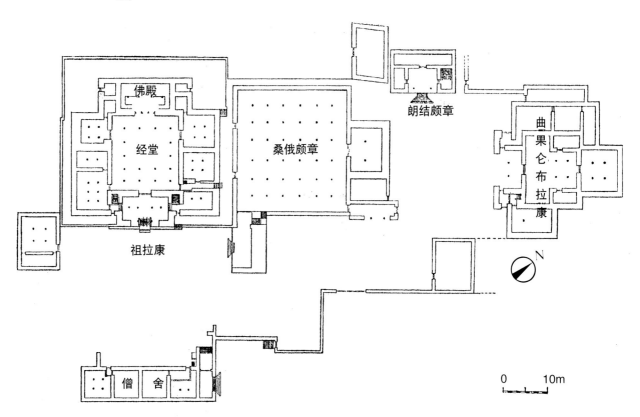

图2-67　敏珠林寺总平面

（二）白居寺

　　白居寺位于日喀则江孜平原年楚河畔江孜镇的西端，总平面呈椭圆形。建筑群以措钦大殿及"白阔曲登"佛塔为中心，分散布置17个扎仓、荣康、佛殿以及僧舍等建筑。该寺分别隶属于萨迦、噶举、格鲁三个教派，聚众教派于一寺。

　　白居寺措钦大殿位于寺院中心，坐北朝南，建筑平面呈"十"字形，共4层。底层中间为佛堂，共有48根柱，佛堂之北为觉康正殿，宽五间、深四间（图2-68）。

　　多门吉祥塔藏语称"白阔曲登"，塔内有76间佛殿、佛龛，素有塔中寺之称。建筑占地2200m²，分塔座、塔瓶、塔顶三部分。塔座四面二十角，高4层；塔瓶呈圆柱形，直径20m，内有佛殿4间；全塔有9层，高约40m（图2-69）。

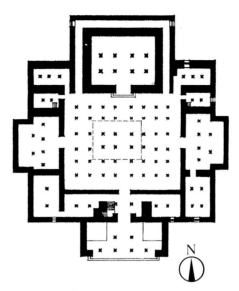

图2-68　白居寺措钦大殿一层的"回"字形平面

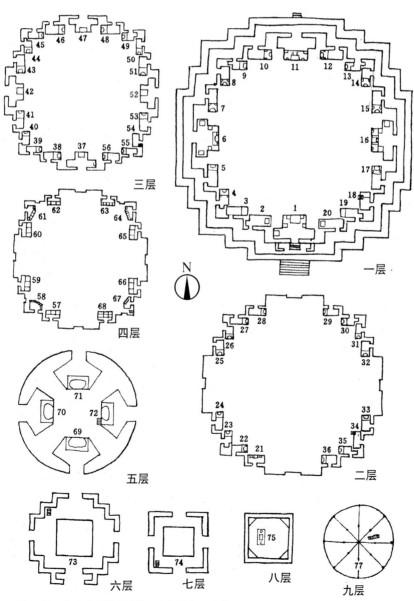

图2-69　白居寺多门吉祥塔一至九层平面示意

(三)古格王国都城遗址四殿

1. 白殿

白殿位于古格遗址山下入口处，为一层密梁式平顶建筑。该殿坐北朝南，平面呈"凸"字形，南北长25m，东西宽31.14m，建筑面积466m²。前部为经堂，面阔七间，进深七间，前部共计30柱，后部为佛堂面阔三间，进深二间(图2-70)。

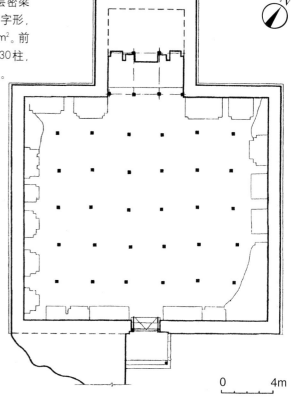

0 ___ 4m

图2-70 白殿平面示意

2. 红殿

红殿位于白殿南侧，为单层密梁式平顶建筑，坐西朝东，平面为矩形。东西长19.6m，南北宽22.37m，建筑面积439m²。殿门位于东面墙正中，殿内面阔七间，进深六间，共有柱30根(图2-71)。

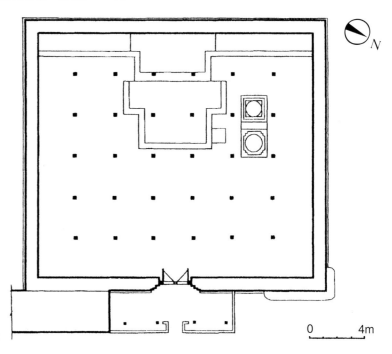

0 ___ 4m

图2-71 红殿平面示意

3. 度母殿

度母殿位于白殿东侧20m，为单层密梁平顶建筑，曾作为噶厦政府札布让宗办公地点。门面北偏东，内堂平面呈方形，其外墙长6.9m，殿内设4根方柱，正中设天窗(图2-72)。

4. 大威德殿

大威德殿位于红殿右前方，为单层平顶密梁式建筑。门向东，建筑由条形门厅和平面呈"凸"字形的殿堂组成，东西长14.7m，南北宽8.7m，建筑面积114m²(图2-73)。

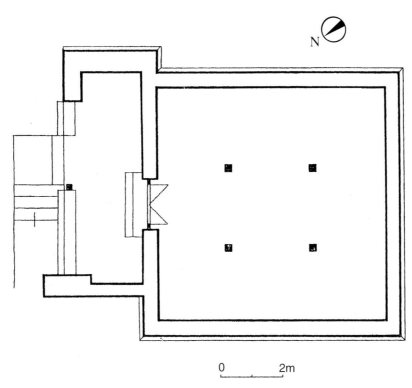

0   2m

图2-72　度母殿平面示意

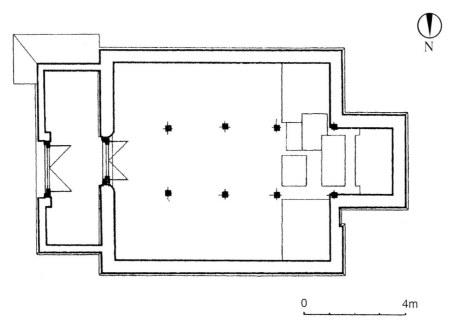

0   4m

图2-73　大威德平面示意

（四）托林寺红殿

　　该殿位于阿里托林寺迦萨殿右前方28m，是僧众集会及颂经的场所，建筑平面呈"凸"字形。在后部佛堂的左右两侧，有对称的耳室。整个红殿东西通长35m，南北宽21.5m，建筑面积588m²（图2—74）。

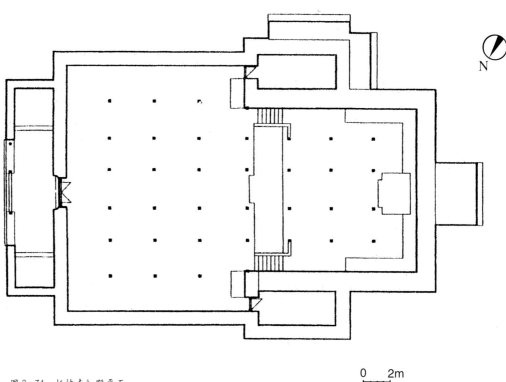

0　2m

图2—74　托林寺红殿平面

（五）科迦寺百柱殿

科迦寺始建于公元996年，位于阿里地区普兰县科迦乡。科迦寺现有旧殿堂建筑两座，即觉康殿和百柱殿，两殿由若干房间组成，外观为复合2层多边形建筑。两殿呈"L"形布置，交角处形成空间不大的广场，广场中部有水井、香炉（图2-75）。

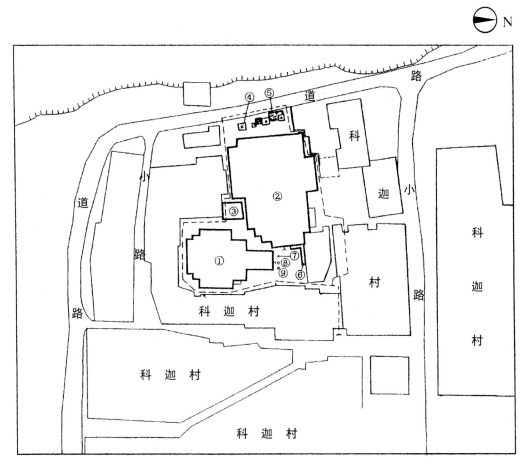

说明：

1- 觉康（红殿）　　6- 转经通道
2- 百柱殿　　　　　7- 幢竿（塔钦）
3- 大玛尼轮　　　　8- 水井
4- 擦康（小塔）　　 9- 香炉
5- 玛尼堆　　　　 --- 寺周交通线

图2-75　科迦寺现状平面

西藏传统建筑导则

二、平面充分表现佛教宇宙观

早期佛教认为宇宙中心为须弥山，围绕须弥山世界分为四大洲和八小洲，且有上中下三界之说。寺院建筑平面形式虽然具有很强的随意性和不规则性，但在变化之中仍然充分地表达着早期佛教的宇宙观及曼陀罗、坛城等佛教对世界认识的演变形式。在表现早期佛教宇宙观时，不同寺院有着不同的平面表现方法，桑耶寺是把宇宙的中心以及四大洲和八小洲作了分开的平面布置，而阿里的托赫寺、日喀则的白居寺等则是在一座建筑内作了集中的平面布置。

（一）桑耶寺

桑耶寺建筑规模宏大。该寺位于山南地区扎

囊县桑耶镇，以乌孜大殿为主体，组成一座庞大完整的建筑群，总面积超过25000余平方米。

整个寺院的布局是按古代佛教的宇宙观而设计，以古印度摩揭陀地方的欧丹达菩提寺为蓝本。桑耶寺的建筑形制体现了佛教密宗的坛城、曼陀罗等佛教思想。

位于全寺中心的乌孜大殿，象征宇宙中心的须弥山；乌孜大殿四方各建一殿，象征四大洲；四方各殿的附近各有两座小殿，象征八小洲；主殿两旁又建两座小殿，象征日月；主殿四角又建红、绿、黑、白四座塔(图2-76)。

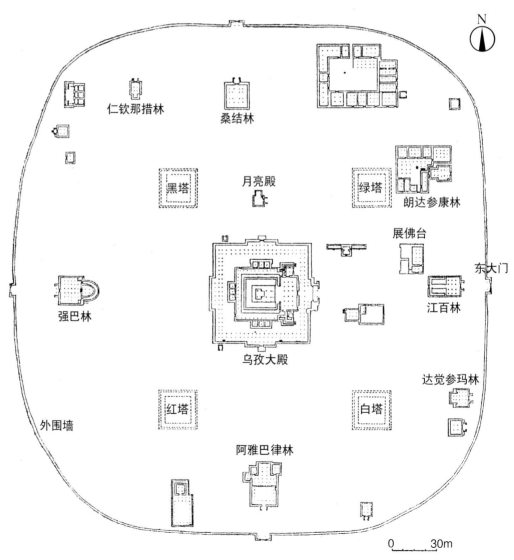

图2-76 桑耶寺总平面

58

（二）葱堆措巴寺

葱堆措巴寺位于山南扎囊县，紧靠雅鲁藏布江南岸，占地总面积达5900余平方米。主殿高4层，坐北朝南，大致呈长方形。围绕主殿有一周2层楼的僧舍，僧舍一般为两柱面积。僧舍有一周回廊，设方柱。在围墙南、东、西3面正中各有一大门，其中南门为正门，在大门处，建筑都向外凸出。主殿位于中部偏北，主殿大门与南大门正在一条中轴线上，在主殿前有一讲经堂。主殿一层中部以石隔墙为地基，两边是库房，房内六柱。主殿大门在第二层，沿三道木楼梯到2m高经堂门廊，门廊有4根边长0.5m的大方柱。大经堂面阔5间，进深6间，共20根方柱，其中有两根高5.3m的长柱直通三层楼顶部，形成天井，也具有通风防朽功能、自然保护梁柱的作用。佛殿大门与经堂大门正对，殿内有2根方柱，二层的天井有一周回廊，在回廊南面的门楼上，有一间宽敞明亮的房间，为活佛与堪布的寝室（图2-77）。

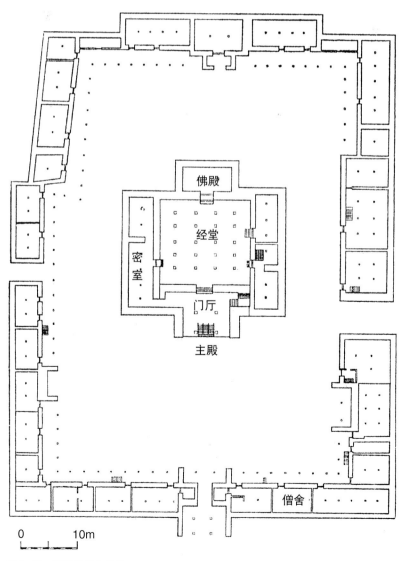

0   10m

图2-77 葱堆措巴寺平面

佛殿

经堂

密室

门厅

主殿

僧舍

（三）阿里古格王宫坛城殿

坛城殿位于王宫的中部，为平顶式建筑。该殿由殿堂和前厅组成。前厅位于殿东，于南侧东端开门，其平面略呈三角形。厅内设2根圆柱，殿身平面方形，边长6.95m，建筑面积48.3m²，地面装饰为凹凸坛城类图案（图2—78）。

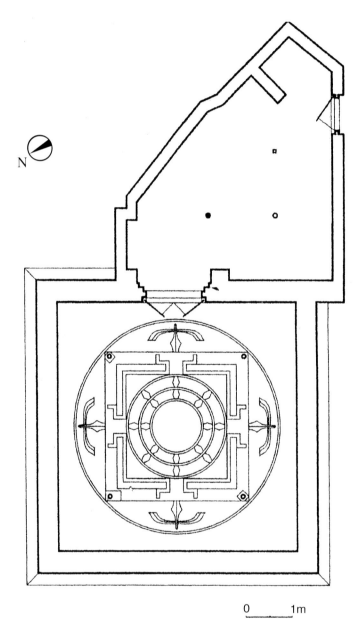

0 ____ 1m

图2—78 坛城殿平面示意

（四）康松桑康林寺

该寺位于山南桑耶寺西南侧，坐东朝西，占地总面积为4000m²。

寺内主殿居中，共4层，高18m，周围是2层楼的僧舍，四面各设一座大门。西大门并不很大，宽2.2m，高2.3m。门内有面阔五间，进深三间的门廊，有12根柱。大经堂有12根方柱，面阔五间进深四间。在大经堂左右两边，还有4间小库房。通过大经堂后的三道木门可到佛殿，围绕佛殿有转经回廊，佛殿共12柱间面积。第三层有一小阳台，有一座佛殿，没有经堂。佛殿前有一排南北向的4根方柱的门廊，佛殿面阔进深各三间，第一、二排柱子几乎相并。第四层是护法神殿，其建筑风格别致，围绕神殿有转经回廊（图2-79）。

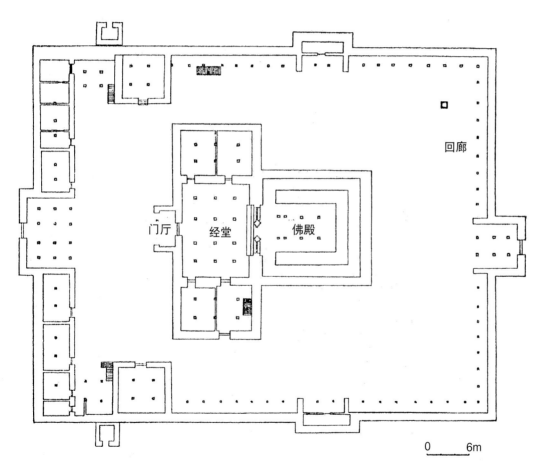

图2-79　康松桑康林寺平面

（五）托林寺

该寺始建于10世纪末，位于阿里地区札达县城西北部，象泉河沙床南侧高47m的台地上。寺由殿堂、僧舍、佛塔、塔墙等建筑组成，规模较大。寺内主殿迦萨殿系仿桑耶寺而建，建筑形式独特。

迦萨殿在托林寺中历史最早，外观形式为立体曼陀罗形。殿外以土墙环绕，呈多层折叠式，四周4座高塔耸立，与殿外四塔交相辉映。该寺殿堂众多，分别由中心5殿和外圈18殿、4塔组成。内外圈建筑之间有露天回廊，迦萨殿入口在最东侧，由前门厅、过厅、大门组成，大门朝向东偏北。东西轴长62.8m，南北轴长57.7m，总建筑面积1200m²（图2-80）。

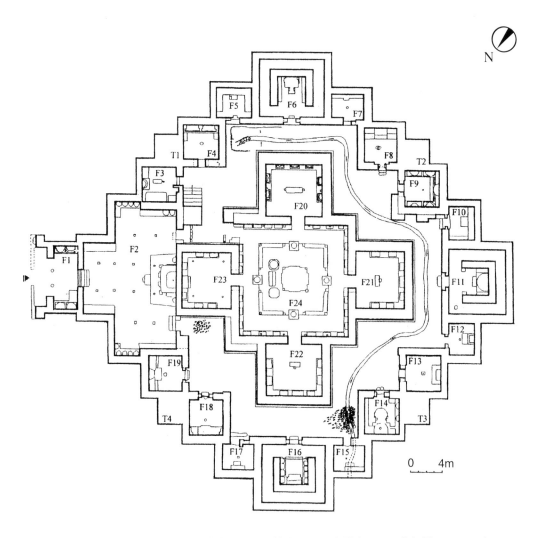

F1.天王殿　F2.释迦殿　F3.大威德殿　F4.阿扎惹殿　F5.吉祥光殿　F6.药师佛殿　F7.观音殿
F8.度母殿　F9.五部佛殿　F10.吉祥天女殿　F11.弥勒佛殿　F12.金刚持殿　F13.佛母殿
F14.修习弥勒殿　F15.宗喀巴殿　F16.无量寿佛殿　F17.甘珠尔殿　F18.丹珠尔殿
F19.文殊殿　F20.宝生佛殿　F21.无量光佛殿　F22.不空佛殿　F23.不动佛殿
F24.遍知大日如来殿　T1.吉祥多门塔　T2.吉祥多门塔　T3.吉祥多门塔　T4.天降塔

图2-80　托林寺迦萨殿平面

三、主殿平面多以"回"字形布置

寺院建筑主殿平面基本都作"回"字形布置。其回字形中间供奉佛陀，回字形形成的路线则为僧侣围绕佛陀转圈诵经的道路。重要寺院主殿内还设有二重甚至是三重的回字形布置，主殿的二层和三层也都作回形布置。而在主殿外，围绕主殿和寺院围墙都形成了闭合的转经道路。这种平面布置反映了藏传佛教转经朝佛等宗教仪轨的需要。

(一)乌孜大殿

乌孜大殿为桑耶寺规模最大之建筑。其建筑平面呈明显的"回"字形布置，右下两图可以看得十分清楚。大殿一层有三重"回"字形布置，在局部还形成小的"回"字形布置。大殿一层外的闭合的外廊则形成了更大的"回"字形。大殿三层也是一个"回"字形布置。

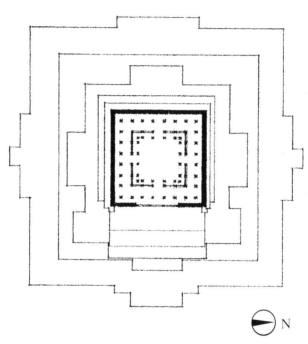

图2-81　桑耶寺乌孜大殿三层平面

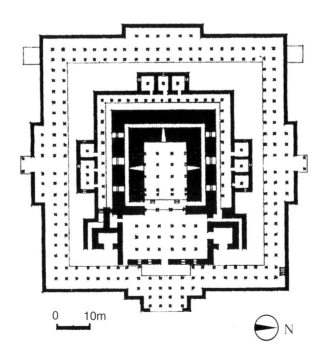

0　　10m

图2-82　桑耶寺乌孜大殿一层平面

（二）萨迦南寺

萨迦南寺位于日喀则地区萨迦县。南寺建筑由拉康钦莫殿、拉康拉章等建筑组成。南寺占地面积约4.5hm²，建筑集汉、藏、印建筑风格三精华，独具一格。整体布局结构相似于佛教密宗的"坛城"。拉康钦莫殿位居中央，四面高墙，殿内布柱108根，为一天井式独间大堂，可容万余僧众作法，周围筑有拉康拉章、僧舍、伙房等附属

建筑，寺院外围筑二墙一壕，墙为夯土墙，高大雄伟，厚重坚实。拉康钦莫殿是南寺的主体建筑，南北宽84.8m，东西长79.8m，通高24.3m，墙基宽3.5m，总面积6769.04m²。拉康钦莫大殿由门廊、大经堂、欧东仁增拉康、普巴拉康、次久拉康、拉康孜贡康等建筑组成。大经堂面向东，从中心天井上3级石台级，便到大经堂前廊，前廊立4根方形石柱(图2-83)。

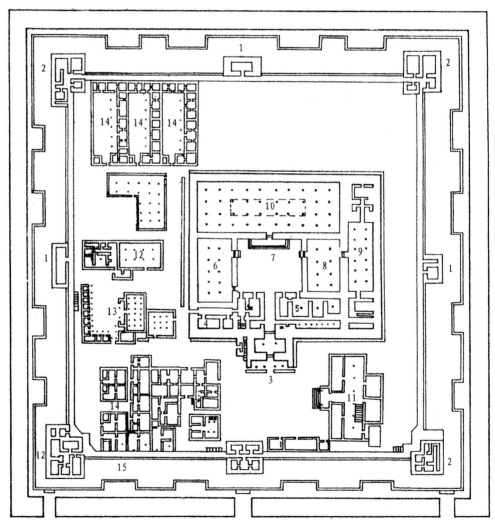

1.门楼 2.角楼 3.拉康钦莫殿正门 4.格尼拉康 5.次久拉康 6.普巴拉康 7.天井庭院 8.欧东仁增拉康
9.拉康强 10.大经堂 11.平措平 12.拉康拉章 13.薛扎拉康 14.僧舍 15.城墙

图2-83 萨迦南寺总平面

（三）布久喇嘛林寺

该寺属宁玛派，是林芝地区最大最重要的藏传佛教场所。

主殿形状呈正四角，底层屋檐共有二十个角，第二层到第三层屋檐为八角。主殿内佛殿高20余米，殿堂高10余米，上覆金顶，呈塔形。佛堂的形状呈八角形，内有4根柱(图2—84)。

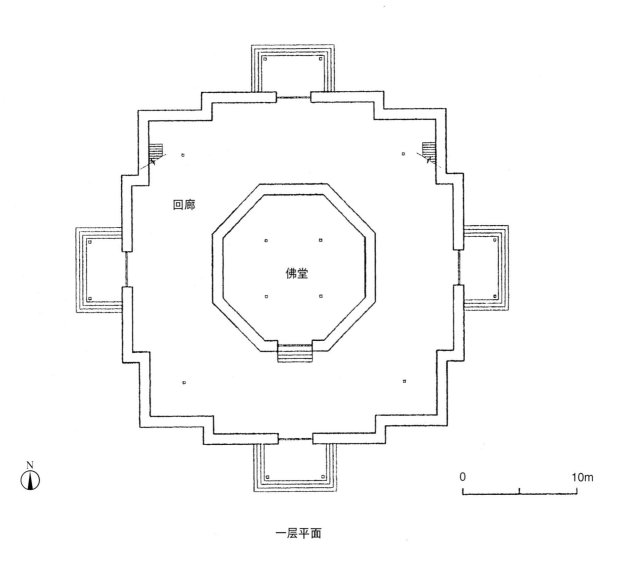

一层平面

图2—84 布久喇嘛林寺主殿一层稍加变形的"回"字形平面

四、主殿平面多布置房中房

主殿回字形平面四周布置小房间,形成房中房,用以供奉佛陀和表达其他佛教思想。主佛通常供奉在居中的位置,房间略大。拉萨大昭寺主殿一层平面四周布置有24个小房间,均不设窗。夏鲁寺主殿一层平面四周布置了15个小房间。寺院主殿内一层四周小房间的布置基本上是对称的,有对称美感。这一平面布置同寺院建筑群体平面布置的不规则和随意性形成鲜明对比。

(一)大昭寺

该寺位于拉萨市老城八角街中心。寺院坐东

朝西,经过不断地补建增修,占地面积达到13000m²。寺院建筑布局不对称,基本由门廊、千佛廊、觉康主殿以及内转经道在同一轴线上的布局,使寺院主体建筑的位置十分突出。由于佛殿为东西向纵深布局,所以环绕其周围的多数建筑可以获得南北朝向,这使得僧舍用房拥有比较充足的阳光。大昭寺中心部分的平面设计与印度有名的那阑陀寺僧房院几乎完全相同,其特征为沿方形院落的四壁内侧设有僧房。位于后壁正中的佛堂面积较一般僧房大,并不特别突出。此平面布局为西藏佛寺所少见(图2-85~图2-87)。

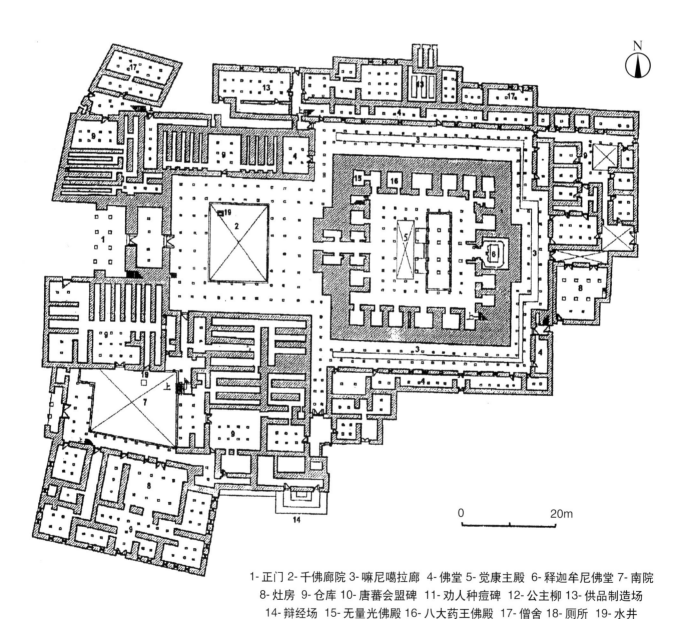

1- 正门 2- 千佛廊院 3- 嘛尼噶拉廊 4- 佛堂 5- 觉康主殿 6- 释迦牟尼佛堂 7- 南院
8- 灶房 9- 仓库 10- 唐蕃会盟碑 11- 劝人种痘碑 12- 公主柳 13- 供品制造场
14- 辩经场 15- 无量光佛殿 16- 八大药王佛殿 17- 僧舍 18- 厕所 19- 水井

图2-85 大昭寺一层平面

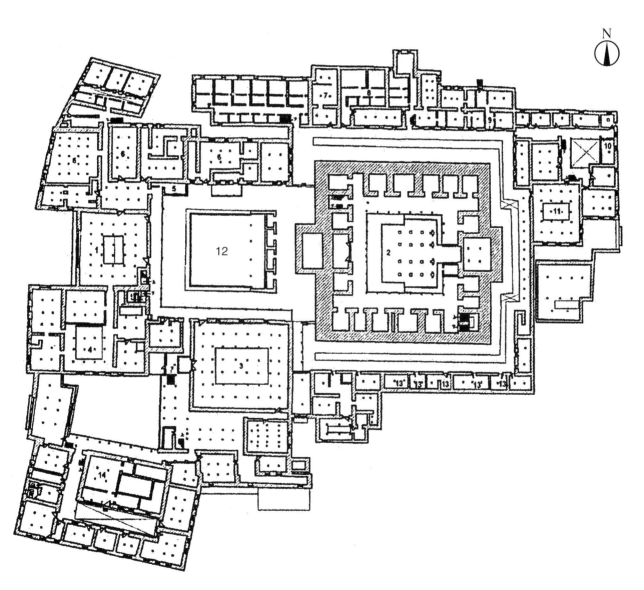

N

1- 三界殿 2- 觉康主殿 3- 埃旺姆殿 4- 下拉丈(班禅.摄政王公署) 5- 拉恰列空(财政局) 6- 拉恰
仓库 7- 德细列空(社会调查局) 8- 报细列空(地粮调查局) 9- 协尔康列空(法院 检查 审讯处) 10-
细康列空(公款稽核局) 11- 孜康(核算实物地租、劳役地租等财政收支情况的机关和贵族子弟学
校) 12- 噶厦(地方政府) 13- 文件库 14- 拉业列空(大昭寺总务处)

图 2-86 大昭寺二层平面

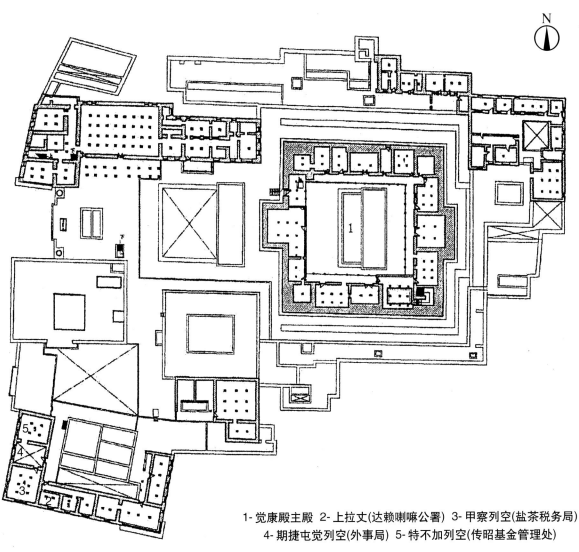

1- 觉康殿主殿　2- 上拉丈(达赖喇嘛公署)　3- 甲察列空(盐茶税务局)
4- 期捷屯觉列空(外事局)　5- 特不加列空(传昭基金管理处)

图 2-87　大昭寺三层平面

（二）扎西岗寺

　　该寺位于阿里地区噶尔县扎西岗乡，距阿里地区首府狮泉河镇58km，属格鲁派寺院。其外环绕壕沟，沟宽约1～1.5m，为防护设施。壕沟之内为呈矩形的夯土防护墙，墙四角及山腰有角楼、碉楼，碉楼的墙体高6～8m，墙上设有三角形或长条形的射孔。护墙的中央偏北处为主殿所在，殿堂平面为"十"字形，象征着佛教须弥山。殿堂周围有转经道，是一种典型的吐蕃时期佛殿，殿堂内共有8柱，中央设置天井，以便通风采光。殿内南北各有一个仓库，西侧设有护法神殿（图2-88）。

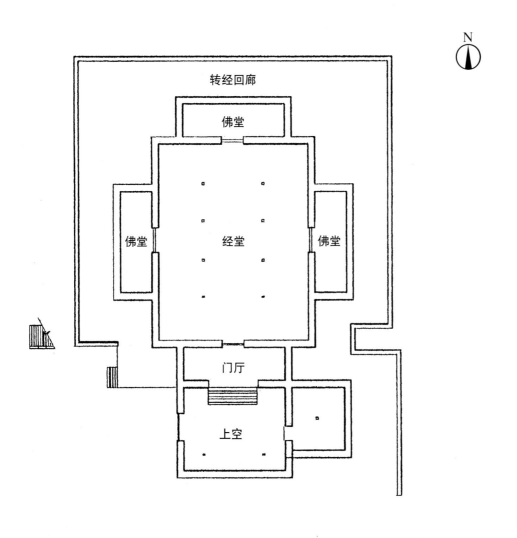

图2-88　噶尔县扎西岗寺主殿一层平面

（三）色拉寺

该寺位于拉萨北郊，是藏传佛教格鲁派六大主寺之一。色拉寺的主要建筑由措钦大殿、麦巴扎仓、结巴扎仓、阿巴扎仓等组成。

措钦大殿共有108根大柱，面积1092m²，共4层，可容纳5000僧人同时诵经，正殿内供一尊高度超过2层楼的强巴佛和释迦益西的塑像（图2-89）。

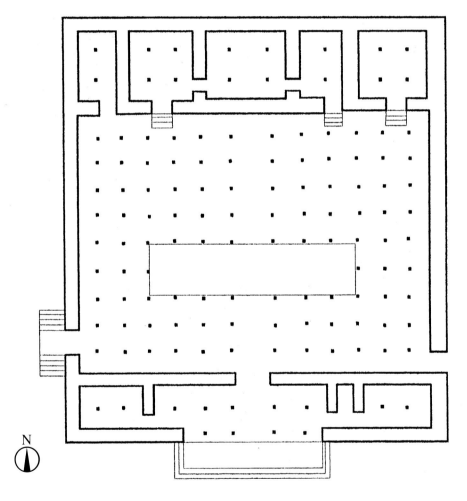

图2-89　色拉寺措钦大殿平面示意

（四）夏鲁寺

夏鲁寺位于日喀则市夏鲁乡，海拔4000m。夏鲁寺的建筑风格独特，是西藏一座保留了元代汉式风格的汉藏结合的典型寺院。

夏鲁寺大殿坐西朝东，寺内的主要建筑有夏鲁、康清、热巴、安宗四个扎仓。主殿为集会大殿，底层面积1500m²左右，两侧各有一经堂，设有正殿、配殿和前殿，轴线明确，中轴基本对称。一层是藏式内院大经堂，二层完全是汉式四合院的布局(图2-90)。

第二章 建筑平面

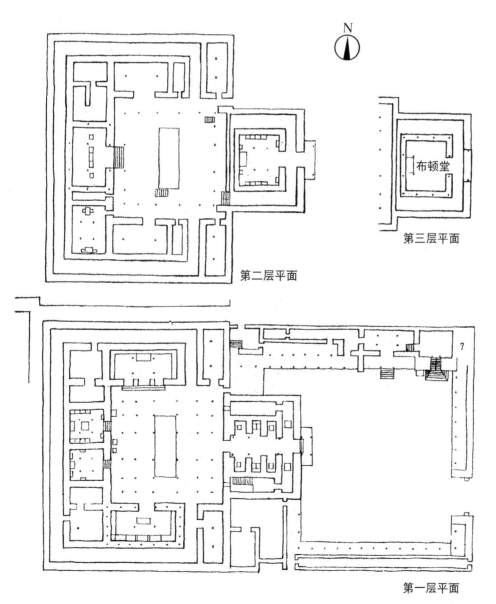

图2-90 夏鲁寺一至三层平面

五、平面形式底层至顶层变化较大

藏式传统建筑多采用柱网结构(见"建筑结构"一章),柱距较小,一般在2m左右,这为灵活布置建筑的各层平面创造了条件。底层房间的间数、开间、进深等与上层房间不完全对应,各层平面布置变化较大。昌都地区的查杰玛大殿一层、二层为正方形,三层则为凹字形,而四层平面则变成只有一、二层平面九分之一的小正方形。有以下四个例证可以说明。

(一)查杰玛大殿

查杰玛大殿位于昌都地区类乌齐县,距类乌齐县新县城40km。大殿共有4层,一层中间为佛堂,周围是内转经回廊,整个大殿内密布柱子,中间12根柱通到二层形成天井;二层只有一个内转经回廊;三层是呈"凹"形的佛堂,后面的四根柱子通到四层;四层设有小佛堂(图2-91~图2-94)。

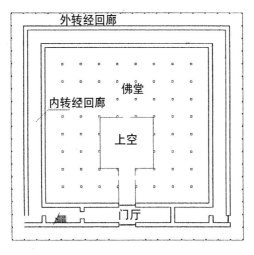

图2-91 查杰玛大殿一层平面

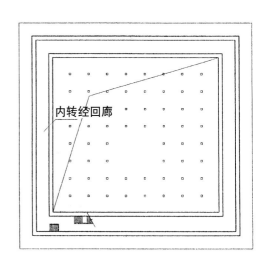

0 ——— 10m

图2-92 查杰玛大殿二层平面

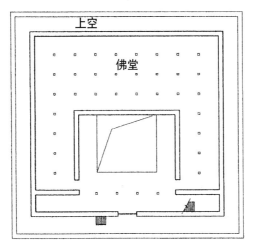

图2-93 查杰玛大殿三层平面

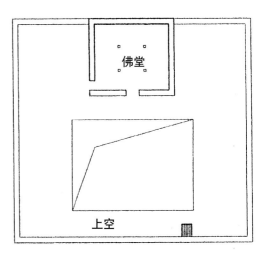

图2-94 查杰玛大殿四层平面

（二）科迦寺百柱殿

该殿位于阿里地区普兰县的科迦寺。百柱殿，以柱多得名，其体量较大，是由多座殿堂和生活用房组合而成的复合建筑。一层设有佛殿、经堂、厕所、杂房等，一层中央大殿是百柱殿中心，东西向有7柱，南北向有4柱，共28柱，室内东西长19.8m，南北宽13.2m。二层平面呈廊院式，廊院中央开天窗，建筑围绕首层主殿而建，在天窗和廊层间形成露天环道，其廊层共26间，用作僧人宿舍、伙房、活动室、储物库等（图2−95～图2−96）。

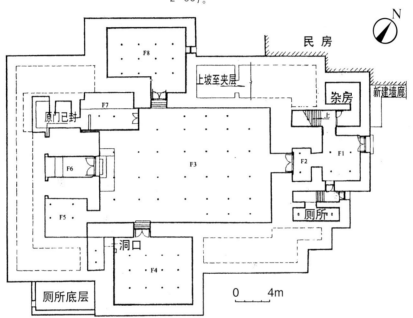

图2−95　百柱殿一层平面（F1：门厅；F2：内过厅；F3：主殿（廊堂）；F4—F8：佛殿）。

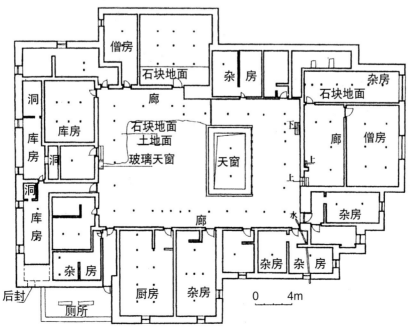

图2−96　百柱殿二层平面

（三）科迦寺觉康

觉康，即释迦殿，位于阿里科迦寺的南部，朝北开门，是僧众聚集颂经的场所。该殿由廊院、门厅和殿身三部分组成，南北轴线上设有三道门。廊院单层，门厅、殿身为2层，门厅各层的层高

低于殿身，形成错台形式。平面布局使整个殿堂外观和谐。门厅由门外廊和内厅组成，外廊用方柱2根，殿身平面呈多边"亚"字形。左右沿南北轴线对称，前后不对称，前部较后部长。一层主供佛后有"门"形围屏及回廊，上二层，南北长30.5m，东西宽21.9m（图2-97，图2-98）。

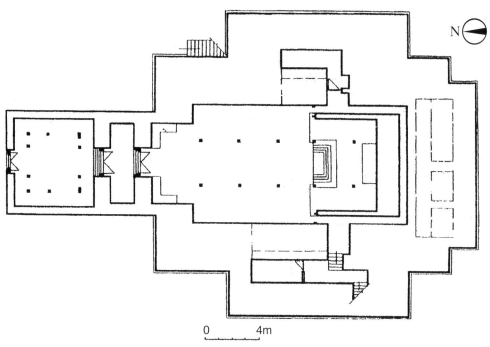

图2-97 科迦寺觉康一层平面

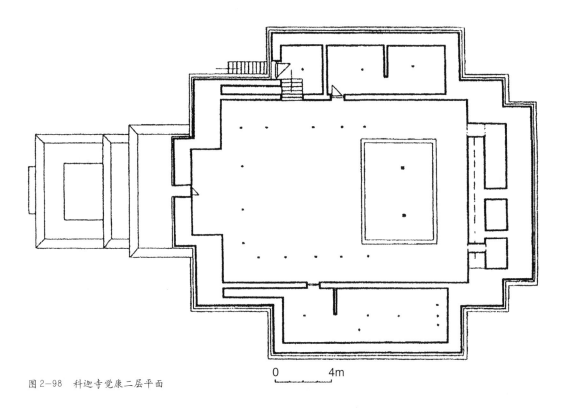

图2-98 科迦寺觉康二层平面

74

（四）曲德贡寺

曲德贡寺位于山南地区乃东县曲德贡乡。建筑东西长131.8m，南北长91m，外有一周坚厚的围墙，主体建筑为4层高的大殿和2层高的僧舍。大殿坐北朝南，东西长72.2m，南北宽30.9m。第一层中部基本处于地面以下，内砌有很多平面是矩形的厚石墙，间隔起地道一般的小巷。它的作用：第一可以承受巨大的压力；第二通风防潮，作地下冷库房；第三是一些不太大的小房供人居住。大殿的第二层，是大经堂和供佛殿，大经堂面阔七间，进深六间，四根6.5m高的大柱直通第三层，形成高侧天窗，从而成为经堂的主要光源。第三层有三个佛堂及达赖喇嘛的居室。

在大殿前边，是两层高的僧舍楼房，僧房前后两排整齐，僧房皆为二柱面积，前面有一回廊。这组建筑的大门从僧房下面穿通而过（图2-99~图2-101）。

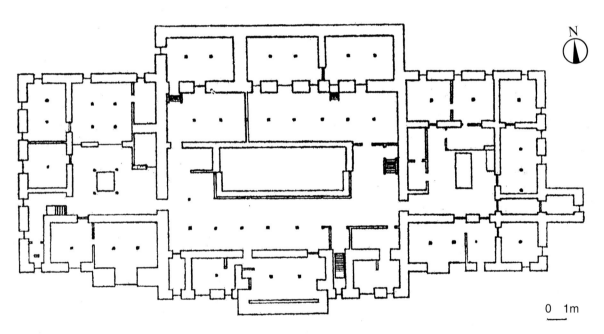

N

0 1m

图2-99 曲德贡寺三层平面

第二章 建筑平面

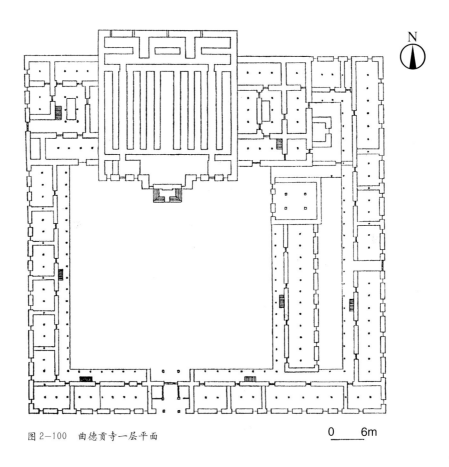

图 2-100　曲德贡寺一层平面

0　　　6m

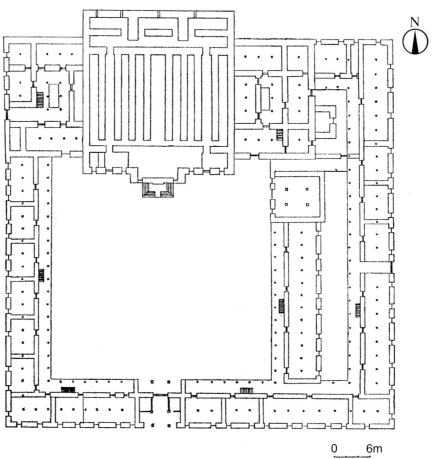

0　　　6m

图 2-101　曲德贡寺二层平面

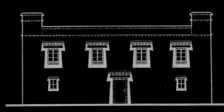

3

第三章 建筑立面

公元前5000～前4000年的史前社会，西藏地区已经出现建筑活动。昌都卡若遗址出土的房屋遗址便是佐证。早期的房屋为地穴房屋和半地穴房屋，稍晚出现地面房屋。墙体及屋面材料主要是石材、木材和生土。经过长期的建筑实践，并在宗教、民俗和自然环境的影响下，藏式传统建筑形成了自己独具特色、变化丰富的建筑立面。

藏式传统建筑立面形象厚重、坚固，建筑形体方整、稳重。这种立面特色主要是建筑结构和建筑材料的特性所决定的。毛石墙和夯土墙给人以厚实、坚固的感觉，形成了规整、稳重的造型。青藏高原气候寒冷，空气稀薄，采用厚大的墙体有利于防寒保温。西藏历史上部落之间、地区之间、教派之间经常发生战争，坚固的墙体，狭小的门窗有利于防御，易守难攻。由于历史和自然的双重因素形成了藏式传统建筑稳重、坚固的立面特征。

立面装饰简洁而粗犷，宗教色彩浓郁。传统建筑的外墙以石墙和土墙为主，很多建筑往往不再进行外墙装饰，直接保持石材或土质本色。由于受技术和自然条件的限制，外墙装饰材料就地取材，多采用当地矿物原料彩饰墙面，有的用手将墙面抓抹成弧形，形成了简洁而粗犷的风格。宗教信仰在西藏具有重要地位，建筑立面的屋顶和门窗多以"佛八宝"（法轮、法螺、法幢、伞盖、莲花、宝瓶、金鱼、盘长）和其他宗教题材的图案作装饰。

建筑层高多为低层高。除个别集会大殿（如类乌齐县查杰玛大殿）采用较高层高外，大部分传统建筑的层高都较低，居住类房屋的层高一般在2.1～2.4m之间，平均层高在2.2m左右。采用低层高可以降低室内空气流动速度，保持室温；另一方面也是受运输条件的限制，因为2m左右的木料比较适合牲畜及人力搬运。

建筑多采用矮门小窗，门窗排列随意。门窗洞口较小，一方面是为了保持室温，适应自然；另一方面为了防御，适应战争的需要。建筑门窗洞口的大小和排列方式不讲究规整统一，根据房间功能的需要随意开启和排列，十分实用。

布达拉宫

第一节 立面

西藏传统建筑主要有宫殿、民居、庄园和寺院等建筑，根据其使用功能和自然环境的不同，其建筑立面各有特色。

一、宫殿

宫殿建筑的总体特点是：依山而建，错落有致，墙体收分，形体方整，坚固庄严，雄伟壮丽。

布达拉宫是西藏最宏大的宫殿建筑，依拉萨红山而建。各宫室建筑形制不一，结合地形与空间的因素较多，非对称的建筑布局体制十分显著。墙体均为收分墙，整个建筑整体依山势向上收分，使布达拉宫具有强烈的凝聚力。顶部金光闪闪的汉式歇山顶，在各底部建筑的衬托下，显得特别庄严和稳重(图3-1~图3-6)。

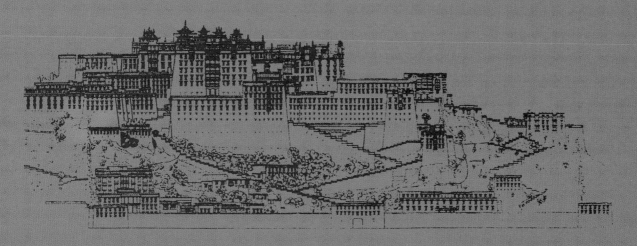

图3-1　布达拉宫南立面图

0 10　　50m

图3-2　布达拉宫北立面图

第三章 建筑立面

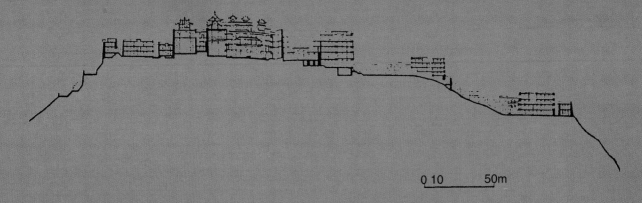

0 10　　50m

图 3-3　布达拉宫纵剖面图

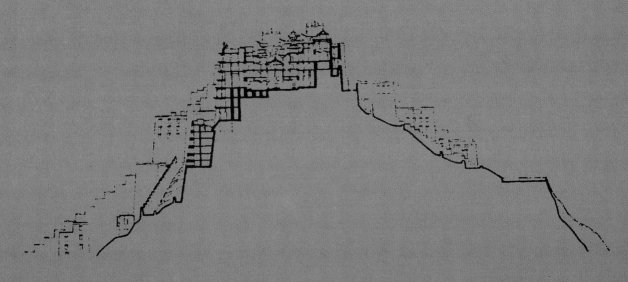

图 3-4　布达拉宫横剖面图

图 3-5 布达拉宫金顶群

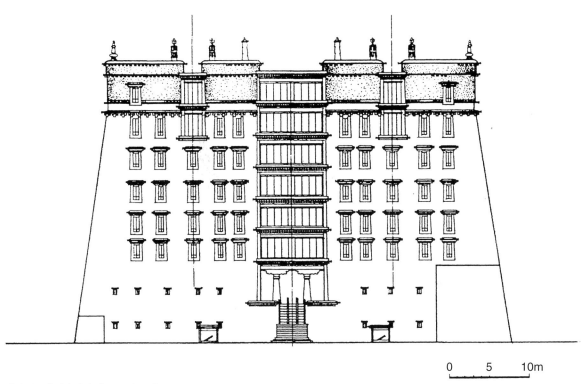

0　　5　　10m

图 3-6 布达拉宫红宫入口立面图

雍布拉康位于乃东县昌珠镇境内，是西藏最古老的宫殿。外墙为毛石砌筑，檐口采用边玛墙，顶部设置金顶，立面开窗较少，墙体收分，高低错落，形成了简洁明快的立面效果(图3-7)。

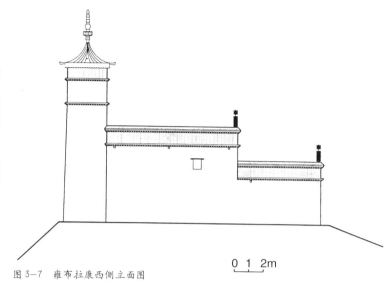

0 1 2m

图3-7 雍布拉康西侧立面图

位于山南地区的西藏第一座宫殿雍布拉康

罗布林卡，藏语意为"宝贝园"，园内树木郁郁葱葱，风景秀丽，是达赖喇嘛专用的夏宫，是藏民族宫殿建筑艺术和园林建筑艺术的杰出代表，也是多元文化融会的代表。其建筑立面形式多样，不拘一格，富于变化；层高较高，显得建筑宏伟高大；单殿讲究对称，开窗较大，明快大气；部分建筑采用双层边玛墙檐口，高贵典雅。一些建筑檐口和窗楣安装琉璃瓦，成为汉藏文化交融的具体体现。外墙装饰讲究，屋顶置镏金饰物，雍容华贵（图3-8～图3-15）。

罗布林卡达旦美久颇章

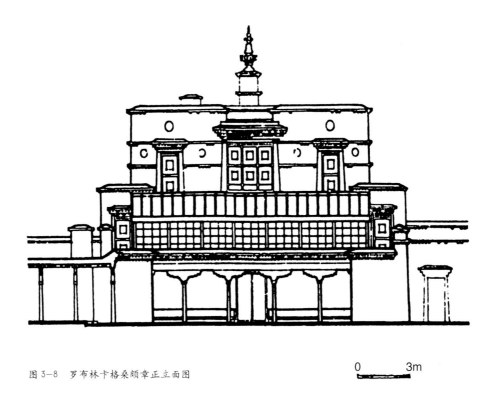

图 3-8 罗布林卡格桑颇章正立面图

0 3m

0 1 2 3m

图 3-9 罗布林卡格桑德吉颇章正立面图

图 3-10　罗布林卡乌尧颇章正立面图

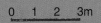

0　1　2　3m

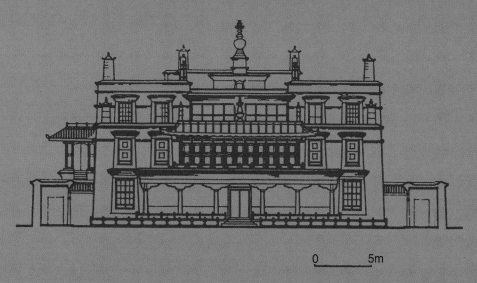

0　　　5m

图 3-11　罗布林卡金色颇章正立面图

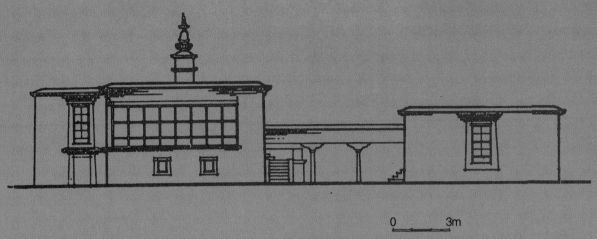

图 3-12　罗布林卡其美曲溪颇章正立面图

图 3-13　罗布林卡康松司伦正立面图

位于拉萨市哲蚌寺内的甘丹颇章王宫

位于日喀则地区的德庆格桑颇章宫

位于林芝地区的达赖喇嘛行宫

位于山南地区的拉加里王宫(遗址)

位于山南地区的拉加里王宫(遗址)

位于山南地区的贡嘎宗山城堡

位于日喀则地区的江孜古城堡一

位于日喀则地区的江孜古城堡二

第三章 建筑立面

89

第三章 建筑立面

白居寺江孜宗

古阿里王朝宫殿遗址

古阿里普兰王宫(洞穴建筑)

二、民居

民居的建造技术比不上宫殿、寺院那样复杂与精湛，但民居就地取材，从满足居住功能出发，因材施工，充分发挥当地材料的优势，形成了具有不同地方特色的建筑立面形式。拉萨、山南、日喀则等前后藏地区的民居风格立面特点相近，以农区民居为主；林芝、昌都等藏东南地区民居立面自成一色，以林区民居居多；阿里、那曲地区民居，以牧区民居风格为主。藏式传统民居的总体特点是矮门小窗，低层高，1～2层居多，立面装饰简洁粗犷。

（一）拉萨地区民居

拉萨是西藏自治区的政治、经济和文化中心，以农区和半农半牧区为主，平均海拔在3700m以上，气候干燥少雨。该地区民居的立面特点是外形方整，平屋顶，四角或两角砌墙垛，屋顶插五色经幡。建筑外墙装饰较为粗犷，不考究光洁度和平整度，常饰以白色墙面，多用单层或双层窗楣(图3-16～图3-18)。

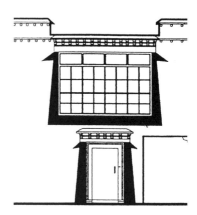

图 3-14

图 3-15

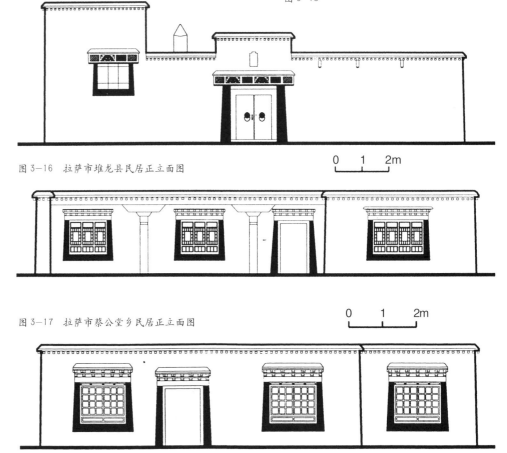

图3-16 拉萨市堆龙县民居正立面图

`0  1  2m`

图3-17 拉萨市蔡公堂乡民居正立面图

`0  1  2m`

图3-18 拉萨市白定村民居正立面图

`0  1  2m`

拉萨民居之一

拉萨民居之二

第三章 建筑立面

第三章 建筑立面

拉萨民居之三

拉萨民居之四

拉萨民居之五

拉萨民居之六

拉萨民居之七

西藏传统建筑导则

（二）山南地区民居

　　山南地区是藏民族的发祥地，以农区和半农半牧区为主，民居以平屋顶为主，门窗排列较随意，墙体以土墙和石墙为主。石墙立面较少装饰，土墙多做手抓弧形纹图案，外墙常涂以白色，檐口多涂以黑、白色，大部分民居檐口为双层檐口（图3-19～图3-24）。

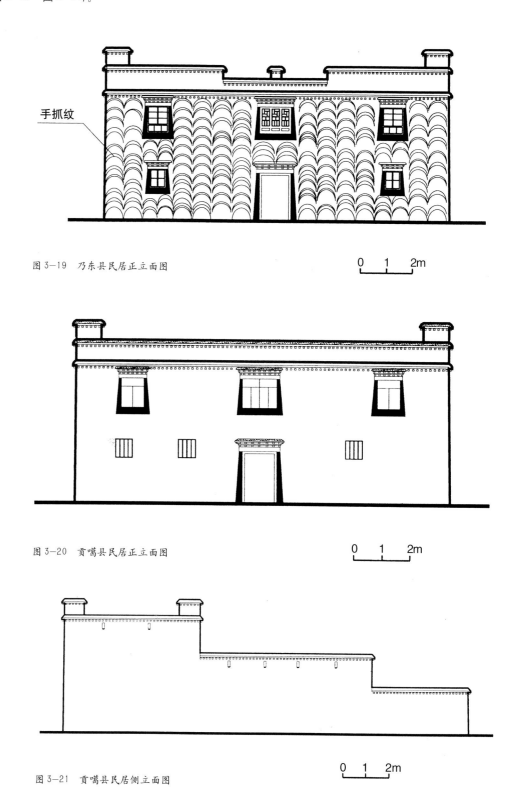

手抓纹

图3-19　乃东县民居正立面图　　　　　0　1　2m

图3-20　贡嘎县民居正立面图　　　　　0　1　2m

图3-21　贡嘎县民居侧立面图　　　　　0　1　2m

第三章　建筑立面

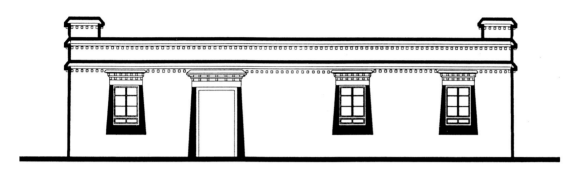

图 3-22　曲松县堆水乡民居正立面图

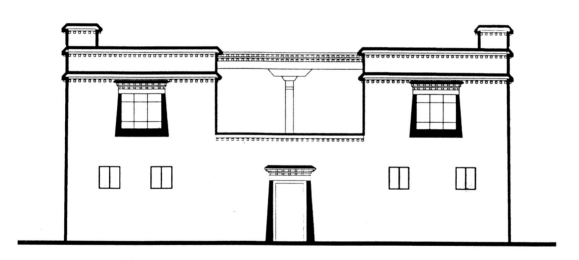

图 3-23　措美县民居正立面图

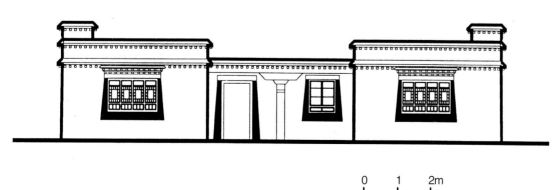

图 3-24　加查县民居正立面图

山南扎囊民居之一

山南措美民居

山南曲松民居

山南乃东民居

山南琼结民居之一

山南琼结民居之二

山南扎囊民居之二

（三）日喀则地区民居

日喀则地区有农区、牧区和半农半牧区，民居以平屋顶建筑为主，院墙较高，常与主建筑女儿墙等高。窗套形式独特，有牛脸和牛角两种形式，多数采用双檐口，颜色以黑色为主。其中，萨迦县民居在立面上以红、蓝、白三色相间涂墙，十分有特色（图3-25～图3-28）。

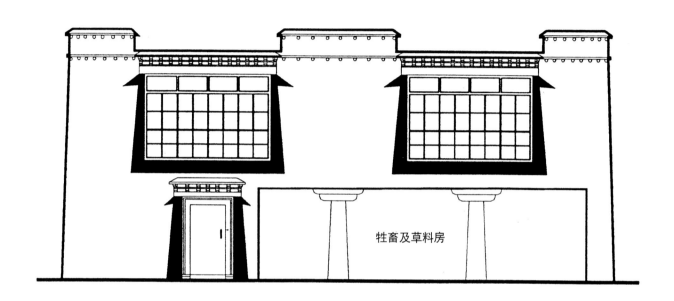

牲畜及草料房

0 1 2m

图3-25 日喀则市夏鲁乡民居正立面

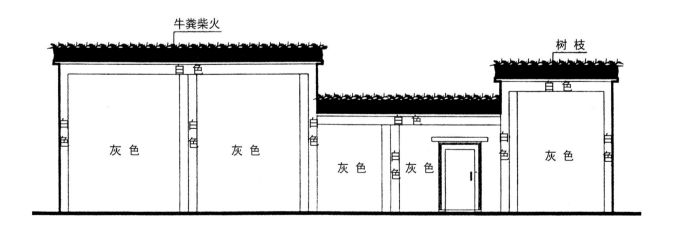

牛粪柴火

树枝

白色

灰色   灰色

灰色 白色 灰色

灰色

0 1 2m

图3-26 萨迦县民居正立面图

第三章 建筑立面

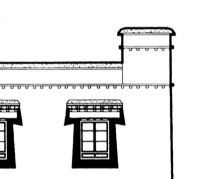

图 3-27　达孜县民居正立面图

0　1　2m

图 3-28　江孜县民居正立面图

0　1　2m

日喀则民居之一

日喀则民居之二

日喀则民居之三

第三章 建筑立面

日喀则民居之四

日喀则民居之五

（四）昌都地区民居

　　昌都地区多山区峡谷地貌，以农区和林区为主。民居外墙常为生土夯筑，女儿墙高度较低。檐口挑出较多，门窗装饰较精致。开窗较大，窗格考究，变化较大，窗框、门框多采用大面积木雕，并绘以彩饰，窗楣多二重椽或三重椽。房屋层数较多，形似碉楼（图3-29～图3-33）。

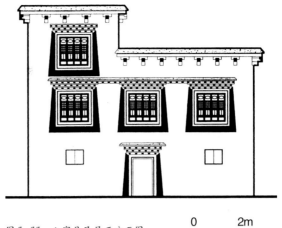

图3-33　八宿县民居正立面图　　0　2m

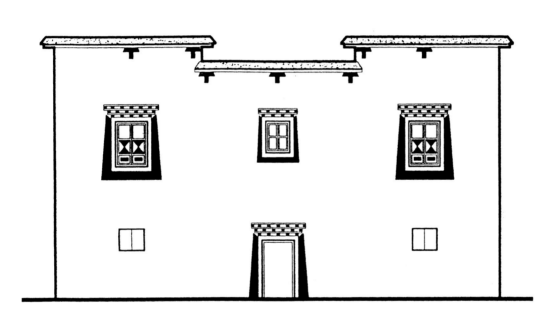

图3-29　左贡县民居正立面图　　0　2m

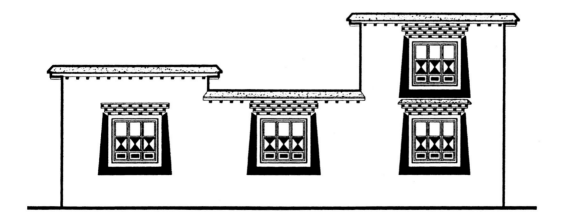

图3-30　察雅县民居正立面图　　0　2m

第三章　建筑立面

木柱　　　　　　　　　木梁

图 3-31　类乌齐县民居正立面图

0　　1　　2m

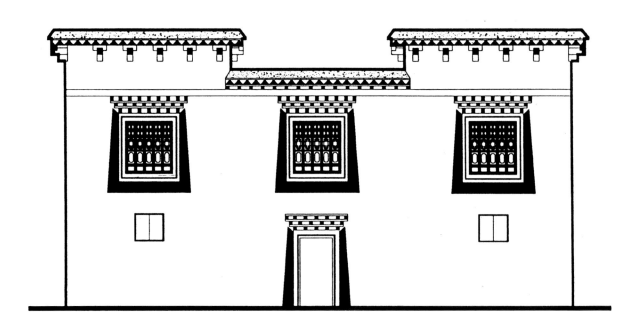

0　　　　2m

图 3-32　昌都县民居正立面图

昌都左贡民居之一

第三章 建筑立面

昌都左贡民居之二

昌都察雅民居

昌都左贡民居之三

昌都左贡民居之四

昌都类乌齐民居

（五）林芝地区民居

　　林芝地区湿润多雨，原始森林覆盖率非常高，以林区为主。民居以坡屋顶形式居多，大多采用双坡屋面，利于通风排水。屋顶大多采用木屋盖或石板屋盖，板直接铺在屋面上防水。墙体形式多样，一般有纯木墙、石墙和石木复合墙三种类型。建筑门窗均为木门窗，门饰和窗饰较多。部分房屋底部架空，二层设外廊，屋盖下常设通风夹层(图3-34～图3-40)。

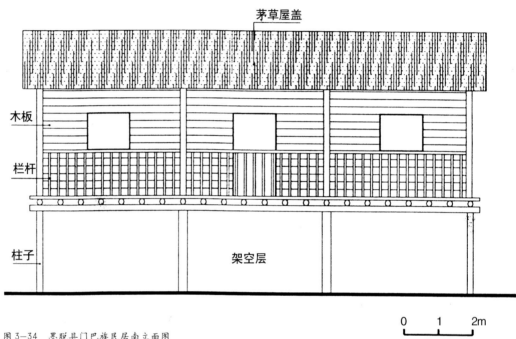

图3-34　墨脱县门巴族民居南立面图

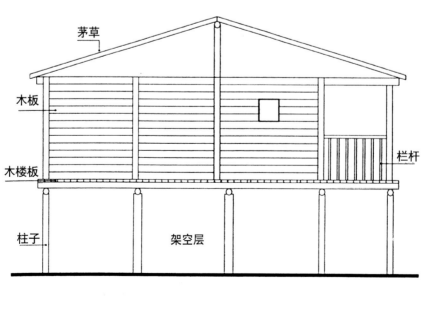

图3-35　墨脱县门巴族民居东立面图

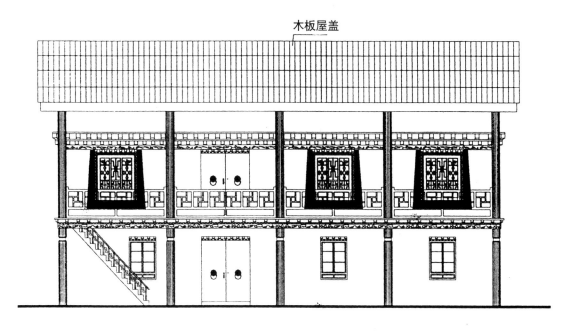

木板屋盖

图3-36　林芝县鲁朗乡民居南立面图

0　1　2m

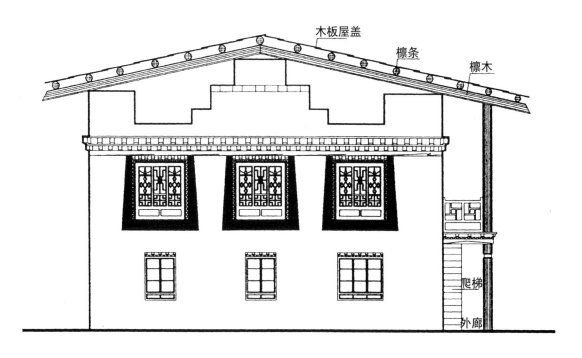

木板屋盖

檩条

檩木

爬梯

外廊

图3-37　林芝县鲁朗乡民居东立面图

0　1　2m

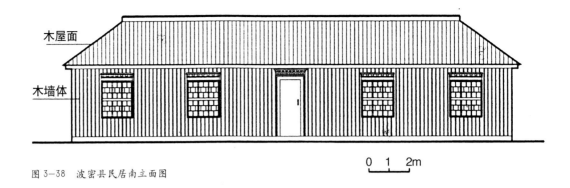

木屋面

木墙体

0 1 2m

图 3-38 波密县民居南立面图

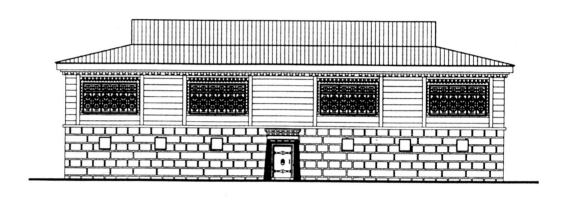

0 1 2m

图 3-39 米林县民居南立面图

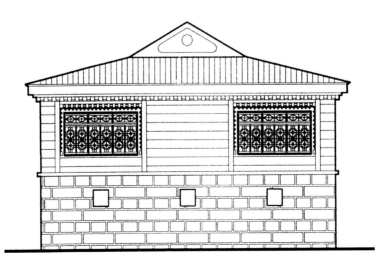

图 3-40 米林县民居东立面图

林芝民居之一

林芝民居之二

林芝民居之三

林芝县鲁朗乡民居

林芝县巴松错民居

第三章 建筑立面

（六）阿里地区民居

阿里地区是西藏自治区西部最为偏远的地区，以牧区为主。民居女儿墙较低，一般为0.2~0.3m，上面整齐堆放柴草，既美观又实用。黑色牛角窗套向外延伸，独具特色。由于受建筑材料的制约，门窗洞口较小，外窗排列随意而实用，门窗位置变化较大，高低错落。建筑立面粗犷古朴，外墙多为灰色、白色(图3-41~图3-45)。

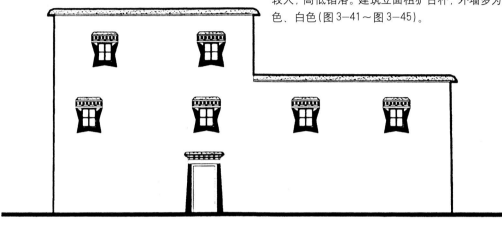

0   1   2m

图3-41 普兰县民居正立面图

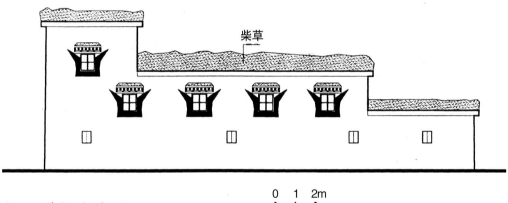

柴草

0   1   2m

图3-42 普兰县科加乡民居正立面图

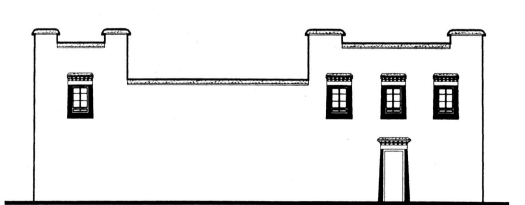

0   1   2m

图3-43 日土县民居一正立面图

第三章 建筑立面

第三章
建筑立面

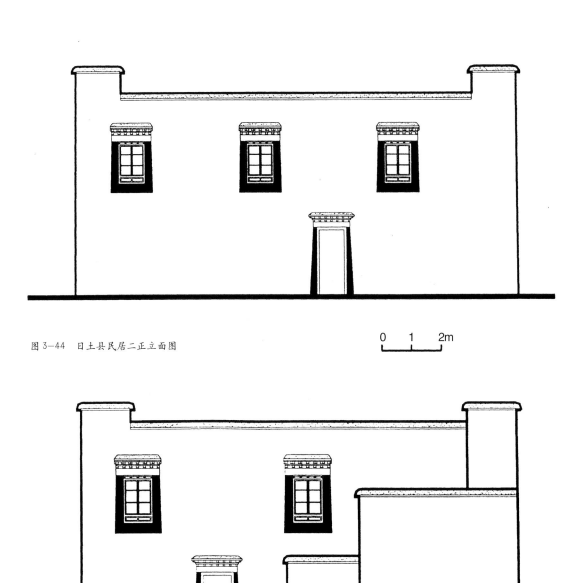

图 3-44　日土县民居二正立面图

0　1　2m

图 3-45　札达县民居正立面图

0　1　2m

阿里普兰民居之一

阿里普兰民居之二

阿里普兰民居之三

阿里扎达民居

阿里日土民居

（七）那曲地区民居

那曲地区为藏北草原,历史上称善唐高原,以牧区为主。过去均为游牧地区,多住帐房,固定民居不多。西藏和平解放后,在城镇周围和交通沿线建设了一些固定民居。由于受游牧文化的影响,民居比较原始古朴,构造简单(图3—46～图3—50)。

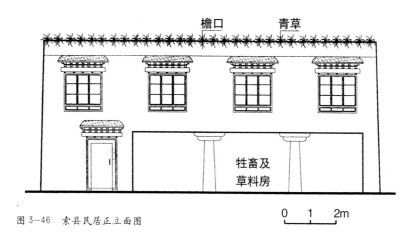

图3—46　索县民居正立面图

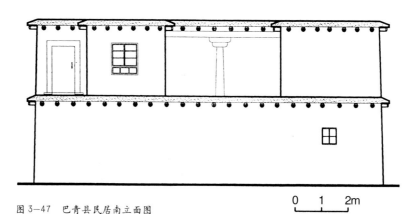

图3—47　巴青县民居南立面图

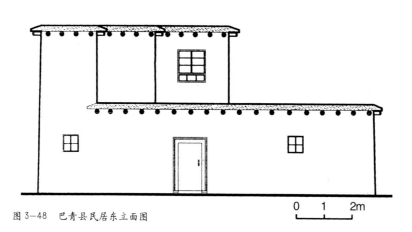

图3—48　巴青县民居东立面图

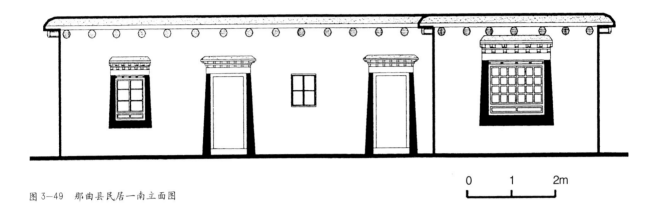

图 3-49　那曲县民居一南立面图

0　　　1　　　2m

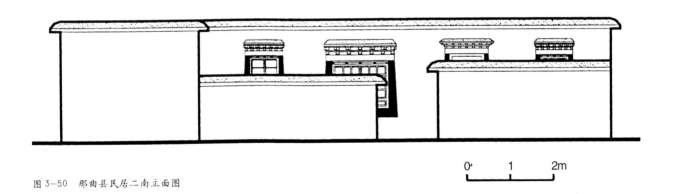

图 3-50　那曲县民居二南立面图

0　　　1　　　2m

帐房是一种流动形式的民居，在游牧地区居多。帐房有布帐和牛毛帐之分，也有夏帐和冬帐之分，其基本形式为立柱支撑帐布，顶部设通风口。帐内一般都较低矮，净高只有1.6～1.9m。内部设置简单，外立面个体差异较大。过去比较讲究的帐布用各种宗教图案作装饰(图3-51)。

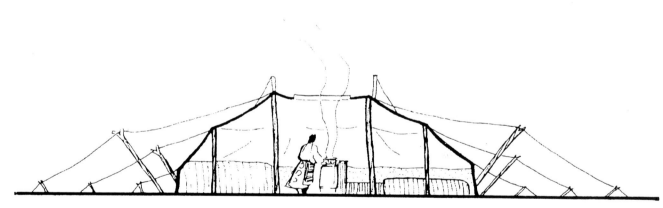

图 3-51 帐房的基本形式

那曲县民居

第三章 建筑立面

那曲民居夏季帐蓬

那曲民居冬季帐蓬

三、庄园

　　旧西藏是封建农奴制社会，三大领主占有大量的土地和生产资料，并拥有大量的庄园。庄园一般较为高大，以3～4层为主，四周砌筑围墙形成封闭空间。建筑形体方整，墙体坚固，逐渐收分，防御性强，边玛墙是庄园建筑特征之一。根据庄园主人地位和身份不同，墙面有不同的装饰做法。部分庄园的正立面有门廊，窗户开得较大，窗外设窗栏。立面装饰比较讲究，外墙多用白色，檐口用红色。

　　山南地区扎囊县朗赛林庄园建于帕竹王朝时期，是西藏封建农奴制的早期庄园，其主楼共7层，规模宏大，气势宏伟，为西藏最古老、高耸的建筑之一，是庄园建筑的典型代表（图3-52～图3-54）。

图3-52　扎囊县朗赛林庄园南立面图

0　1　2m

图 3-53 扎囊县朗赛林庄园北立面图

0 1 2m

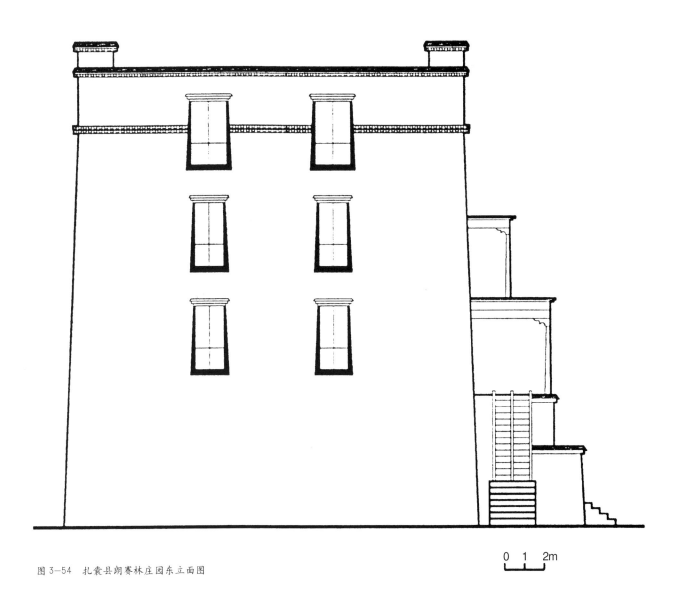

图 3-54 扎囊县朗赛林庄园东立面图

0 1 2m

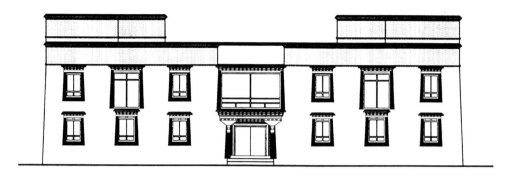

图 3-55　鲁定颇章（七世达赖喇嘛庄园）南立面图

0 ⊢——⊣ 2m

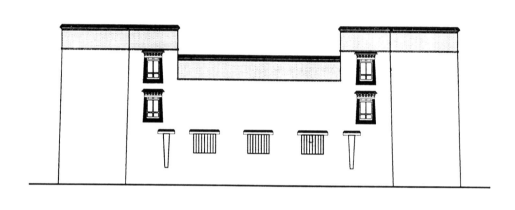

图 3-56　鲁定颇章（七世达赖喇嘛庄园）北立面图

0 ⊢——⊣ 2m

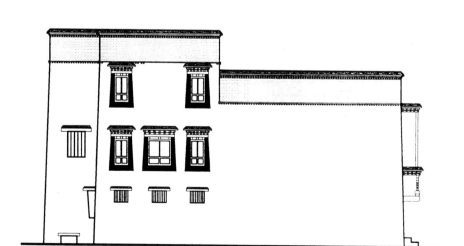

图 3-57　鲁定颇章（七世达赖喇嘛庄园）东立面图

拉萨市达孜县某庄园之一

拉萨市达孜县某庄园之二

林芝朗县某庄园(院内右部分)

林芝朗县某庄园(院内左部分)

江孜帕拉庄园(后院)

江孜帕拉庄园(前院)

拉萨市堆龙德庆县某庄园

拉萨林周县某庄园

日喀则江孜县某庄园

山南贡嘎县某庄园

拉萨市某庄园外景

第三章 建筑立面

拉萨市尼木县某庄园(院内景)

拉萨市尼木县某庄园(院外景)

拉萨八角街某庄园院内

拉萨市城关区某庄园内景

山南桑日鲁定颇章

林芝阿沛庄园

四、寺院

（一）寺院殿堂建筑

西藏寺院数量众多，其建筑布局和建筑立面各有特点。寺院殿堂建筑的墙体大多为石墙，一般为干砌石或黏土浆砌石，重要建筑檐部大多有边玛草檐口，墙体向上收分，形成下大上小的沉稳庄严型建筑。顶部装饰是寺院殿堂建筑与其他建筑的显著区别，辉煌的金顶，金光闪闪的法轮、法幢、宝瓶等"佛八宝"器物装饰是寺院的显著标志，外墙多用黄色、红色。

大昭寺是藏式寺院建筑的精华之一，其立面构图和空间处理很有特点。大昭寺主要立面向西，全长115m，临街面高10~14m。在建筑物较长、楼层不高的情况下，通过分段、前后处理，打破了建筑的狭长和单调感，取得了丰富变化的效果。立面上着重处理正门，使之重点突出，整个立面显得均衡。在建筑空间搭构上，富于变化并和谐统一。加上法幢、法轮等宗教饰物，既突出了寺院的建筑特征，又丰富了建筑立面，高低错落，很有层次感（图3-58~图3-61）。

大昭寺

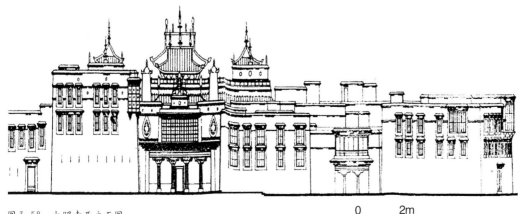

图3-58　大昭寺西立面图

0　　2m

第三章　建筑立面

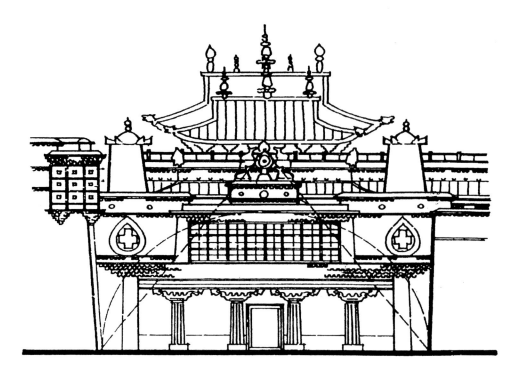

图 3-59　大昭寺金顶构图示意

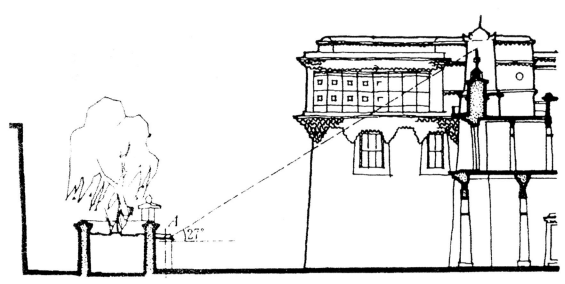

图 3-60　大昭寺入口视觉分析

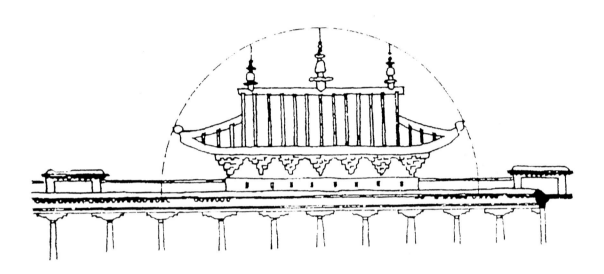

图 3-61　大昭寺正门立面构图

墨如宁巴最早建于吐蕃时期，和大昭寺仅一墙之隔，顶部法幢、法轮装饰较多。主面开窗大小不一，小的为1扇窗，大的为7扇窗，窗户排列讲究对称。

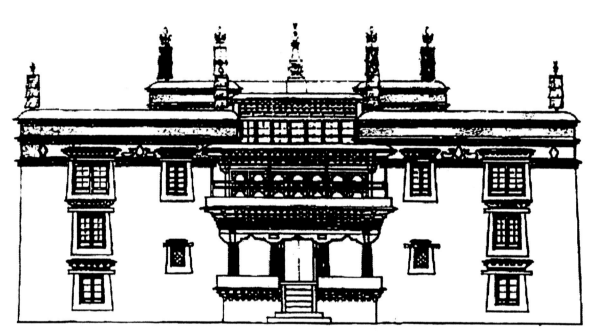

0   2m

图3-62 墨如宁巴正立面图

桑耶寺是西藏第一座佛、法、僧齐全的寺庙，位于扎囊县的哈布山下，周围树木葱郁，密集成林，可谓沙漠中的绿洲。桑耶寺建筑规模宏大，以金碧辉煌的乌孜大殿为主体，组成一个庞大、完整的建筑群。其主殿乌孜大殿高3层，一层立面为藏式风格，双层檐口，小窗，简洁古朴，二层为汉式风格，琉璃瓦檐口，外挑斗拱，庄重肃穆；三层为尼泊尔风格，石刻墙面，屋顶宝瓶，典雅华丽。整个寺院的色彩丰富多样，红、白、黑、绿的用法匠心独具，表达了藏传佛教的不同理念（图3-63～图3-70）。

桑耶寺乌孜大殿

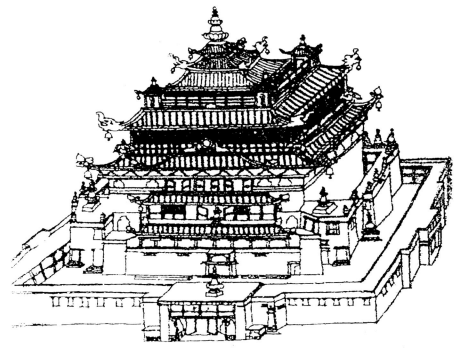

图3-63 桑耶寺乌孜大殿（壁画）

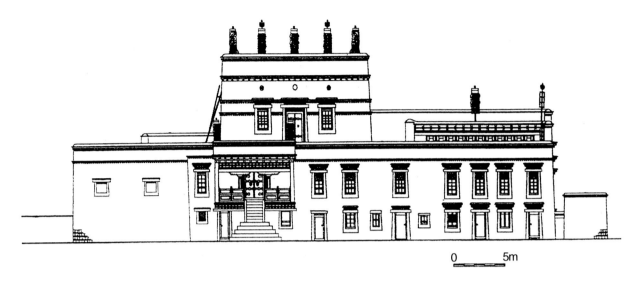

图 3-64 桑耶寺北哈王宫南立面

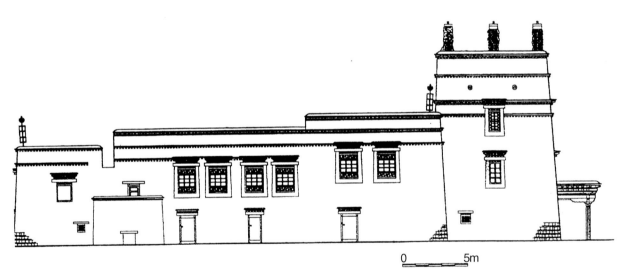

图 3-65 桑耶寺北哈王宫东立面

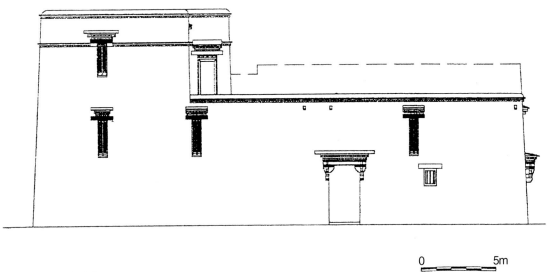

0   5m

图 3-66   桑耶寺噶米康西立面

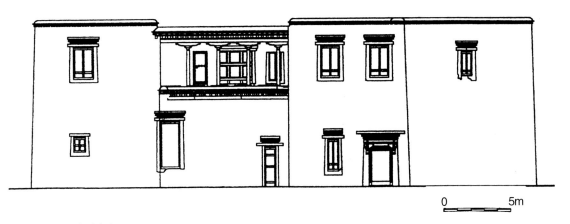

0   5m

图 3-67   桑耶寺噶米康北立面

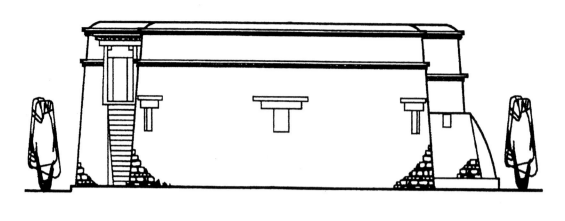

图 3-68 桑耶寺西牛货洲西立面

0 5m

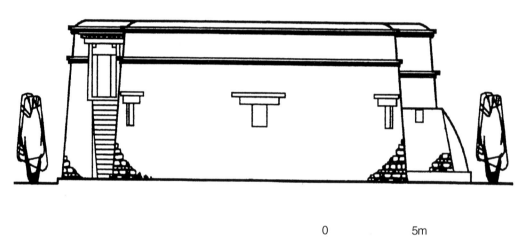

图 3-69 桑耶寺西牛货洲东立面

0 5m

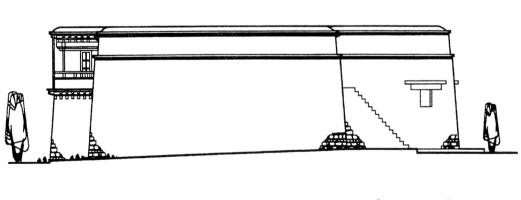

图 3-70 桑耶寺西牛货洲南立面

0 5m

昌珠寺位于山南地区乃东县昌珠镇，距泽当镇约2km，最早建于吐蕃时期，经过历代修建，形成了一定的规模和特色。据文献记载，松赞干布与文成公主曾在此居住。建筑物1层居多，最高为3层。主殿有外廊环绕，大门门楣为3层挑木，门两侧设斗栱，门头正中设经幢，外墙镶有佛龛，有3层檐口，设置石砌外梯较多。窗户大小不一，排列基本在一条水平线上，外墙涂白色，边玛墙涂红色(图3-71～图3-79)。

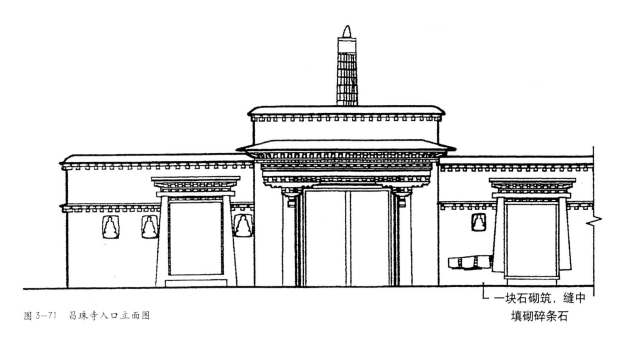

一块石砌筑，缝中
填砌碎条石

图3-71 昌珠寺入口立面图

昌珠寺

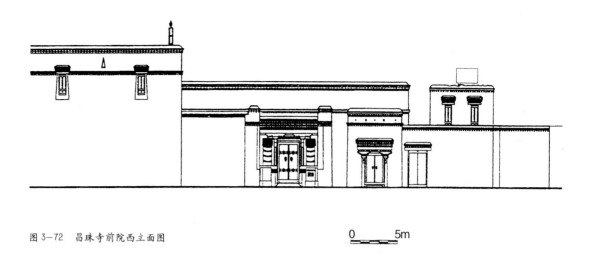

图 3-72　昌珠寺前院西立面图　　　　0　　5m

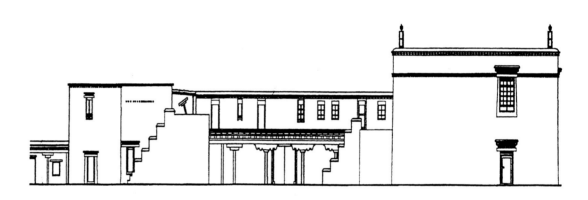

图 3-73　昌珠寺前院东立面图　　　0　　5m

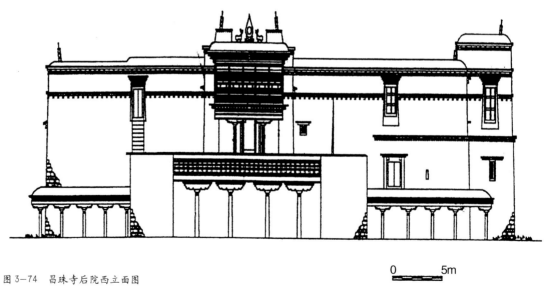

图 3-74　昌珠寺后院西立面图　　　0　　5m

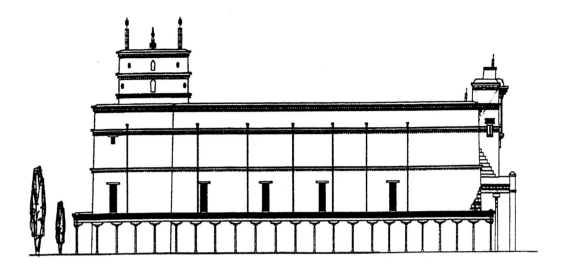

图 3-75 昌珠寺后院北立面图

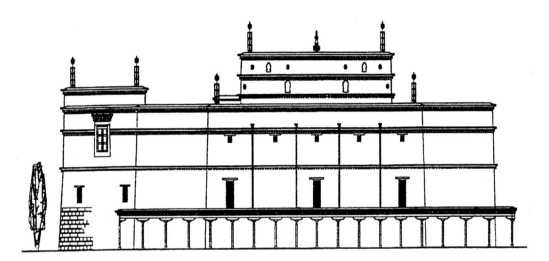

图 3-76 昌珠寺后院东立面图

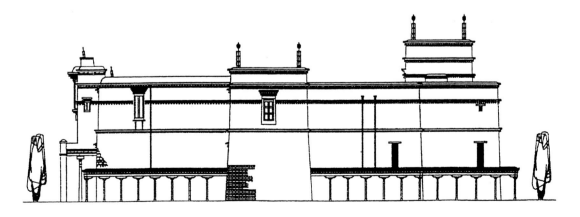

图 3-77 昌珠寺后院南立面图

147

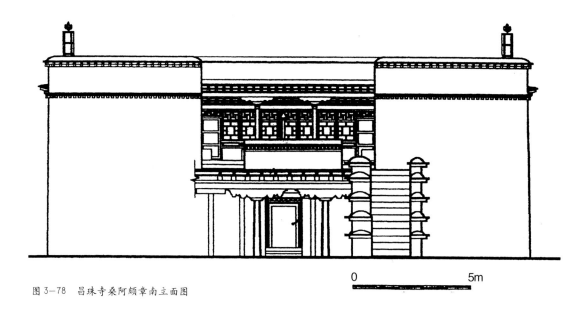

图 3-78　昌珠寺桑阿颇章南立面图

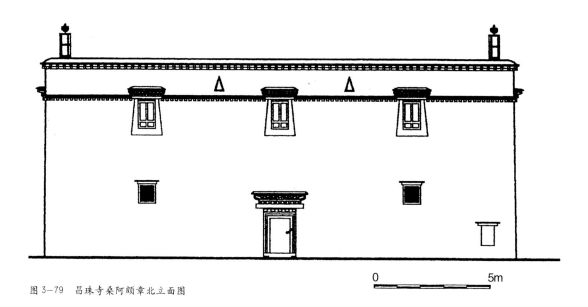

图 3-79　昌珠寺桑阿颇章北立面图

第三章　建筑立面

敏珠林寺是宁玛派重要寺院，位于扎囊县敏珠林乡，该寺门窗排列相对规则和对称，主殿大门前有两个对称平台，并设有门廊，中间设置三并楼梯，檐口中部下凹，二楼中央窗户为六扇，利于采光通风，整个立面和谐、对称、庄重。外墙为干砌石，不涂颜色(图3-80)。

敏珠林寺祖拉康

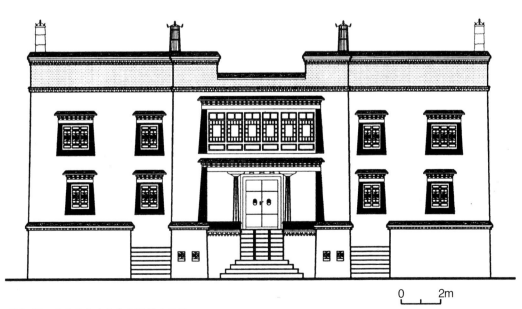

图3-80 扎囊县敏珠林寺主殿正立面图

达拉岗布寺是达布噶举派的祖寺,位于山南地区加查县计乡。主殿为两栋对称建筑,均为2层,有1.5m高边玛墙,中间设铜饰,开窗较随意,有对称石阶进入一层。墙面涂白色,边玛墙涂红色(图3-81)。

纳塘寺位于日喀则市东南15km,是后藏重要古寺之一。正立面外窗为牛角窗套,窗户相对称,中部设置七级台阶,使之显得稳重庄严。墙体毛石砌筑,涂土黄色(图3-82)。

图3-81 达拉岗布寺曲康大殿正立面图

0　　　　　4m

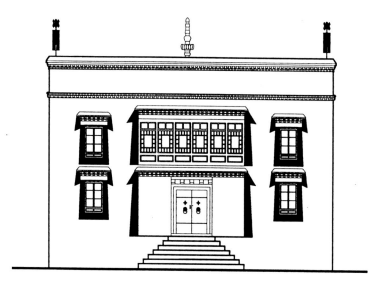

图3-82 日喀则市纳塘寺主殿正立面图

0　　　2m

扎什伦布寺是日喀则地区最大的寺院，杭东康村立面构图很有特色。建筑为3层，一层立面只有门，二三层开窗，窗台较低。两并外楼梯进入二层，中间门厅设有护栏，建筑立面基本对称（图3-83）。

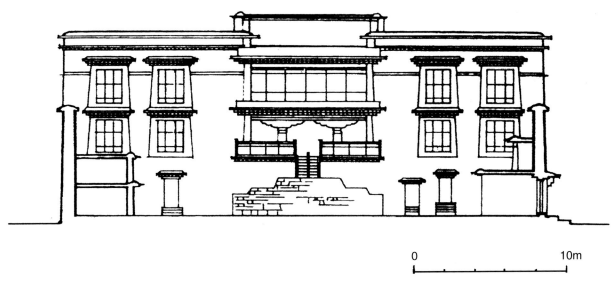

0   10m

图3-83　日喀则市扎什伦布寺杭东康村正立面图

第三章　建筑立面

帕巴寺是一座千年古寺，位于被称为"佛教圣城"的交通重镇吉隆县吉隆镇，是一座阁楼式石木塔。塔身共4层，层高依次递减，四重飞檐，飞檐四角作铜饰，受尼泊尔建筑文化影响，一层设置斜支撑。整座建筑稳定庄重(图3-84)。

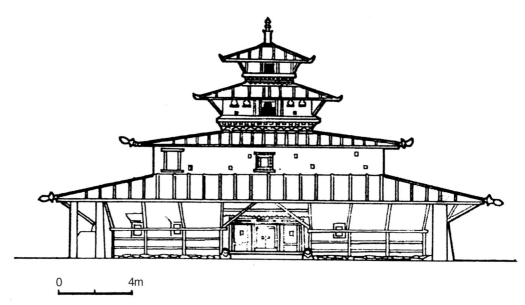

图3-84 吉隆县帕巴寺正立面图

噶举寺位于日喀则地区亚东县下亚东乡，居于高山之颠，十分壮观。建筑为单层，四坡屋顶，中央有天窗。正立面有两个对称外廊，中央有门厅，檐口下挂镂空花纹门楣帘(图3-85)。

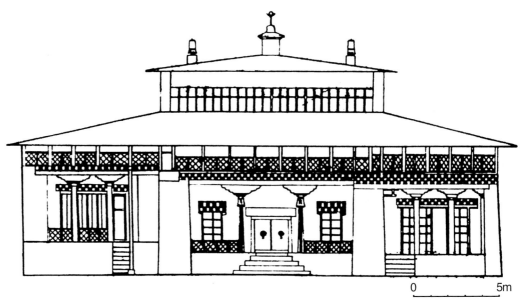

图3-85 亚东县噶举寺正立面图

强准寺位于吉隆县邦兴乡，是一座土木结构建筑，高4层。屋面铺石板，一、二、三层均有斜支撑，窗套为尼泊尔风格，塔身四重檐，坡度较缓，塔顶为四角攒尖。整座建筑古朴稳重(图3-86)。

图3-86 吉隆县强准寺正立面图

　　强巴林寺位于昌都县,是昌都地区最大的寺院。主殿高2层,入门台阶13级,有宽大门厅,面阔五间。二层中央为15m连续开窗,正立面对称,入口处挂装饰门帘,上绘五杵金刚和盘长,边玛墙上装有铜饰。墙面涂白色,边玛墙涂红色(图3-87)。

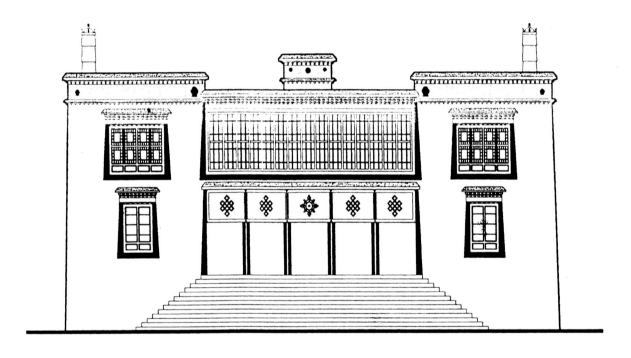

图 3-87　强巴林寺主殿正立面图

0　　　　　5m

古格王宫位于阿里地区札达县，宫城内寺院建筑很有特色。度母殿依山而建，大门一侧设置外廊，外墙不开窗，屋顶设天窗，简洁古朴（图3-88）。大威德殿外墙不开窗，屋顶设天窗，大门门头为边玛草，外墙涂红色（图3-89）。

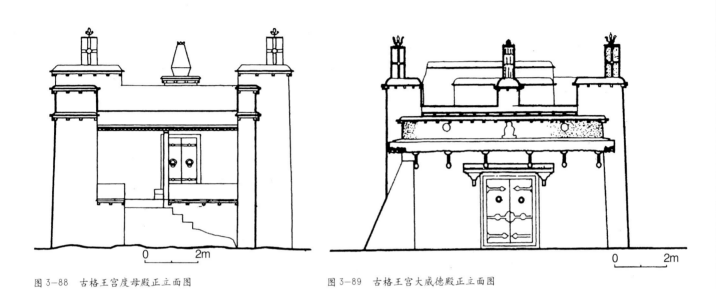

图3-88　古格王宫度母殿正立面图

图3-89　古格王宫大威德殿正立面图

阿里古格王宫

托林寺位于阿里地区札达县城，是阿里地区最大的寺院。迦萨殿为托林寺主殿，立面形式进退变化很大，形成很丰富的立面视觉效果。外围建筑较低，主建筑较高，外墙开窗很少，建筑立面简洁、神秘。建筑四周布置四座佛塔，象征四大护法神，与周围佛塔交相辉映。白殿为一层，层高较高，立面突出大门，门厅面阔三间，左右不对称，门厅上方开天窗。外墙不开窗，大殿顶部和主佛像上方开天窗，以瞻佛容（图3-90～图3-93）。

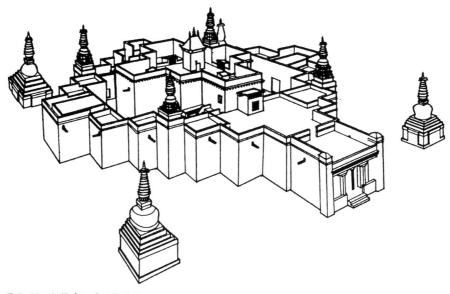

图3-90 托林寺迦萨殿复原图

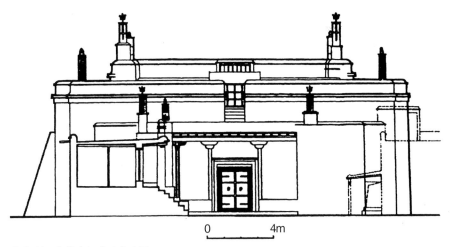

图 3-91　托林寺红殿正立面图

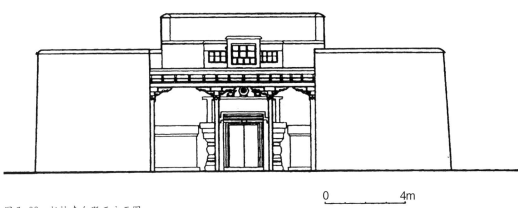

图 3-92　托林寺白殿正立面图

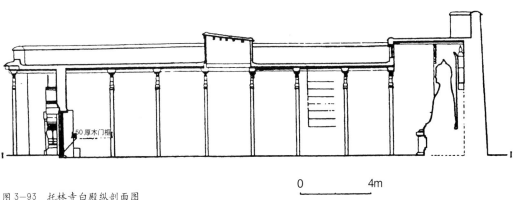

50 厚木门框

图 3-93　托林寺白殿纵剖面图

科迦寺位于阿里地区普兰县科迦乡，地处中尼边境。觉康大殿前院突出，大门门头设边玛草，大门两侧墙壁对称镶有转经筒。主体部分设有二重檐口，上檐口为边玛墙，一周均匀装饰有木雕雀替。正立面大门居中，左侧开有一小门，使立面有不对称的视觉效果(图3-94)。

科迦寺

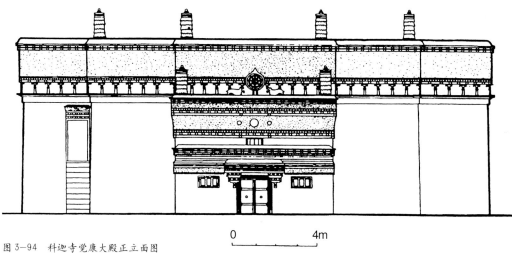

图3-94 科迦寺觉康大殿正立面图

0   4m

拉萨喜得扎仓建筑高五层。二层设有宽大柱廊，入口处设两并楼梯，前厅突出，立面开窗较多，三层窗开在檐口处，正立面对称，立面构图有层次感(图3—95)。

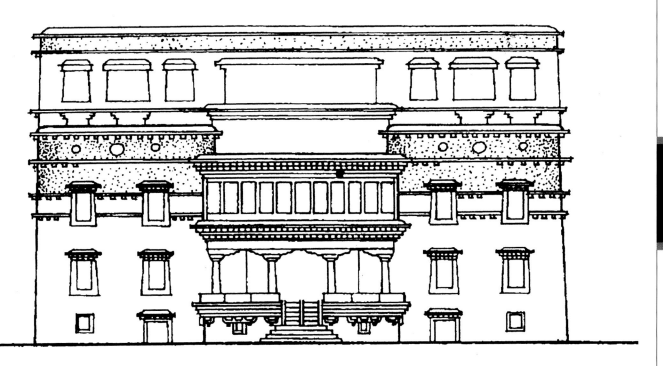

图3—95　拉萨喜得扎仓正立面图

夏鲁寺嘎瓦扎仓建筑，立面中部的门廊和窗栏具有鲜明的藏式传统建筑风格，正立面顶层有对称开窗，门楣、窗楣为两重椽木，整体建筑立面讲究对称，简洁明快(图3-96)。

图3-96　日喀则夏鲁寺嘎瓦扎仓正立面图

白居寺仁定扎仓建筑正立面开窗较多，一层窗较小，二层窗台较低，三层开窗较大。立面中央部分的门廊、窗栏、门楣、窗楣等为典型的藏式传统建筑风格。整体立面讲究对称，有层次感（图3-97）。

0   10m

图3-97 江孜县白居寺仁定扎仓正立面图

拉萨达孜扎叶巴寺

山南贡嘎曲德寺

拉萨达孜桑阿寺

拉萨堆龙楚布寺

拉萨尼木岗丹仲寺

拉萨达孜拉木寺

拉萨北郊尼姑寺

阿里噶尔扎西岗寺

山南扎囊扎塘寺

阿里古格王国红殿

桑耶寺强巴大殿

第三章
建筑立面

阿里扎西岗寺

山南桑耶寺内某札仓殿

昌都查杰玛寺大殿

日喀则萨迦南寺

那曲某寺主殿

日喀则纳塘寺

日喀则萨迦南寺

萨迦南寺主殿

夏鲁寺主殿

阿里科迦寺百柱殿

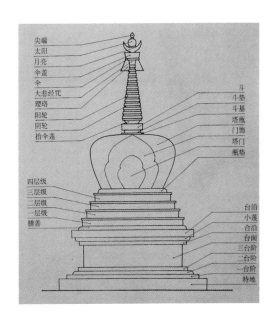

（二）寺院塔建筑

塔是寺院建筑中的重要组成部分，塔在藏语中称"甸"，也称"却甸"。"甸"有所崇拜和依靠的物体的意思，而"却"有供养的意思。塔可以理解为佛陀的法身。

随着佛教的传入，塔在西藏有了较大的发展，大量的现存塔建筑实物，反映出在塔发展的历史长河中，形成过室内室外，灵塔佛塔，大大小小、千姿百态、形态各异的许多种形式的塔。很多塔规模模宏大，高有一二十米，通体洁白，雄伟刚健，形如藻瓶，塔端之上常装有覆盘，饰以五色垂带，悬以金铃，风吹铃响，声闻数里，与寺院殿堂建筑遥相呼应。

塔由塔基、塔身、相轮三部分组成。塔基一般为十三层，其基座向内收分，台身向上收分；塔身如瓶，平面呈圆形，上肩略宽；相轮有十三层或二十层等，向上收分，之上有伞、伞盖、月亮和太阳等。塔的基本组成形式如右图。

以上图多用于装饰灵塔塔座和佛台的泥塑图案

昌都地区佛塔之一

昌都地区佛塔之二

拉萨地区佛塔之一

拉萨地区佛塔之二

西藏传统建筑导则

第三章 建筑立面

山南地区佛塔之一

山南地区佛塔之二

山南地区佛塔之三

176

阿里地区佛塔之一

阿里地区佛塔之二

第二节 门

藏式传统建筑门的主要特点是：宫殿和寺院的门较高大，装饰讲究，民居和庄园的门普遍低矮，装饰较少。

门洞尺寸低矮有多方面的原因：青藏高原气候寒冷，较小的门洞尺寸利于保温；房屋层高大多较低，因而门洞口尺寸不宜过大；古时各部落、地区之间经常发生纷争，洞口较小利于防御；洞口尺寸小还含有驱鬼避邪等宗教原因。

宗教在藏族人民的心目中占有重要地位，为表达对神的尊敬和崇拜，藏式传统建筑大多在门上进行宗教装饰。门上宗教装饰主要以雕刻、绘画为主，有的悬挂或镶嵌牛头、羊头等动物骨骼。雕刻内容大多为堆经、云彩等；绘画以莲花、云彩、龙凤为主，兼有各种怪兽头像。

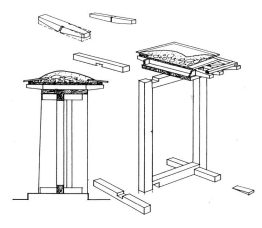

图3-98 门的构造

一、门的材料

门的材料主要为木材，取材容易，制作方便，且坚固耐用；部分门用金属装饰，主要是铁皮和铜皮。

二、门的开启方式

因门洞尺寸较小，门的开启方式以平开为主，有单向开启和双向开启两种，使用门轴连接，构件简单，制作方便，开关灵活。

三、门的形式

门的形式大多为拼板门，门扇自重较大，用材较多，但构造简单，坚固耐用。门的构造如图3-98所示。

加查谢祖林寺大门

用在宫殿、寺院、庄园和贵族住宅中的门，门脸和门框都有较多的装饰；普通民居的门制作大多比较简单。藏式传统建筑门的基本形式主要有以下几种：

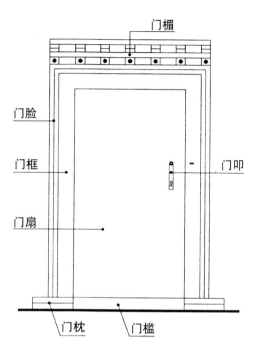

图 3-99　单扇门一

图 3-100　单扇门二

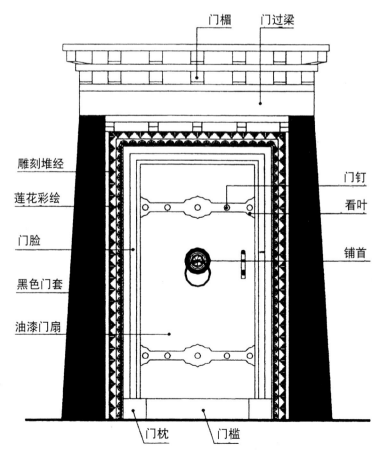

图 3-101　单扇门三

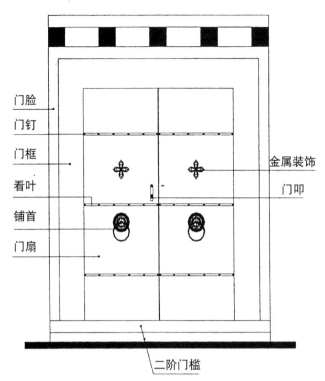

门脸

门钉

门框

看叶

铺首

门扇

金属装饰

门叩

二阶门槛

图 3-102 双扇门一

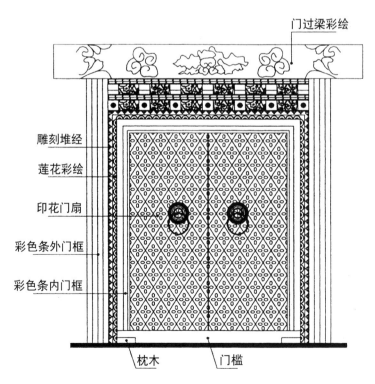

门过梁彩绘

雕刻堆经

莲花彩绘

印花门扇

彩色条外门框

彩色条内门框

枕木

门槛

图 3-103 双扇门二

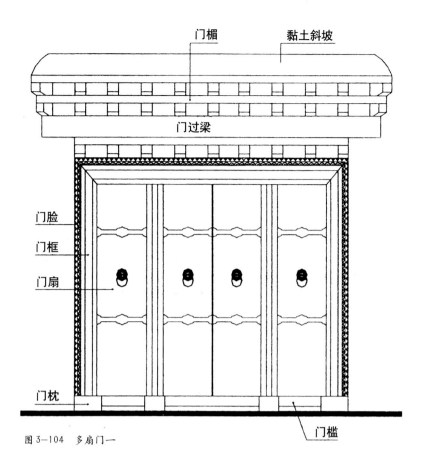

图3-104 多扇门一

门楣　黏土斜坡

门过梁

门脸

门框

门扇

门枕

门槛

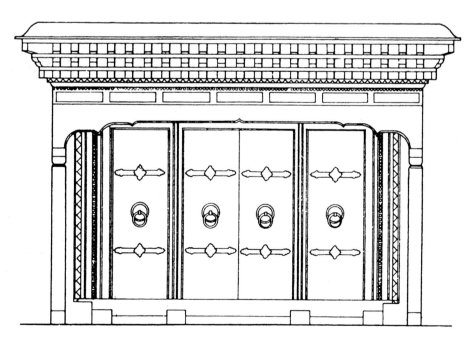

图3-105 多扇门二

藏式传统建筑之多扇门

藏式传统建筑之单扇门

四、门的构成元素

门的构成元素一般包括：门扇、门框、门枕、门槛、门脸、门斗栱、门楣、门帘、门套、门头等。

（一）门扇

门扇大多为木质拼板，以单扇和双扇为主，部分为多扇。门扇宽度无统一的标准，普通民居门多为单扇门，门扇宽0.6～0.8m；宫殿、寺院多为双扇门、多扇门，单扇门宽在0.8～1m，有的在1m以上。

门扇一般由几块木板拼合而成，拼合办法就是在门板后面加几条横向木条，再用铁钉由外向里将木板和横木固定。为了外形美观，钉头做得较大而光滑，于是门板上留下成排整齐的钉头，称为"门钉"（图3-108）。

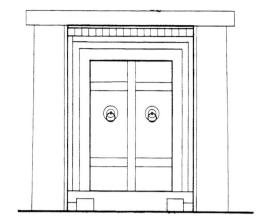

图 3-106

纳塘寺门扇

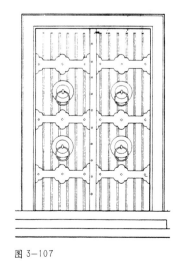

图 3-107

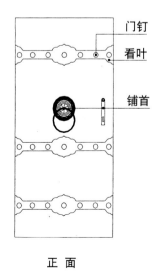

背 面

正 面

图 3-108 门 扇

第三章 建筑立面

为增强木板的横向联系,门扇正面常加铁皮,在铁皮上刻出镂空装饰纹或周边做装饰,这种铁皮称为"看叶"。看叶的做法很多,以美观适用为主(图3-109~图3-111)。

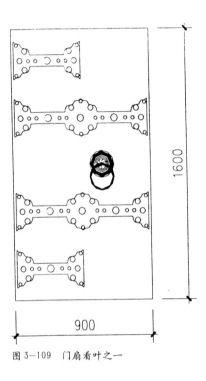

图3-109 门扇看叶之一

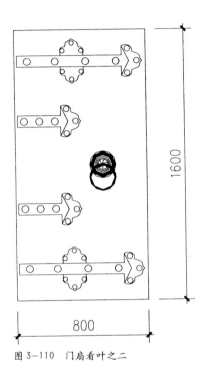

图3-110 门扇看叶之二

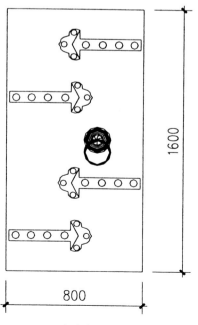

图3-111 门扇看叶之三

为便于门扇的开启或关闭，在门上安装门叩环和门锁镖，置于门扇中央。这门叩、门环称为"铺首"，藏语称为"责巴"，铺首通常做成兽头、兽面形状。

门扇常年经受风吹、日晒、雨淋，易受损坏，因而大多涂上油漆作保护。油漆的颜色以红色居多，兼有黑色、黄色；有的门扇还印上花纹，或刻上猛兽头像等(图3-112)。

图3-112 印花门扇

古格度母殿大门

（二）门框

门框有内门框和外门框之分。内门框有两根框柱，上面一根平枋组成一个框架来固定门扇。内门框宽度一般在12～30cm之间，门框上大多有彩绘或雕刻图案，图案多为云彩，有的则为各种怪兽头像(图3-113)。外门框只由两根框柱构成，置于门洞内侧，起固定整个门的作用。外门框宽度通常较窄，有的门不做外门框。

（三）门枕

门枕是固定门下轴并使之转动和承受门扇重量的构件。常用门枕为一块较大的木头或石料制作，平置于门框柱下方，方向与门扇垂直。一半置于门框内，上方开一圆形轴孔，门下轴放在此轴孔中；另一半露在门框的外面。在门枕中间与门框相齐处开有一条凹槽，用来插放门槛。

（四）门槛

门槛是在门框下面紧贴地面的一条横木，其功能是挡住门扇底部，人出入时需抬腿迈过以别内外。门槛的高度一般为10～30cm。门槛也有石料制作的，更为坚固耐用(图3-114)。

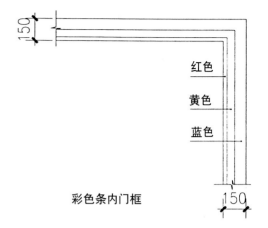

彩色条内门框

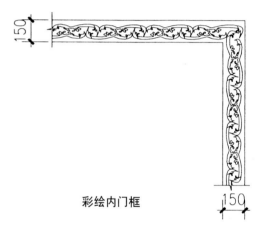

彩绘内门框

图3-113　内门框装饰

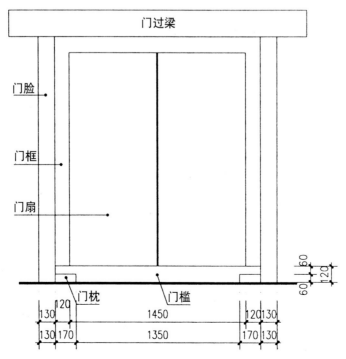

图3-114　门枕与门槛

（五）门脸

门脸由木料制成，位于门框之外，大部分宽度为6～15cm。门脸一般由两部分组成，内层靠近门框处做彩绘或雕刻莲花；外层雕刻堆砌的小方格，按照一定的规律排列，组成凹凸图案，称为"堆经"（也称松格、叠经）（图3-115～图3-118）。

图3-115 门脸常用装饰

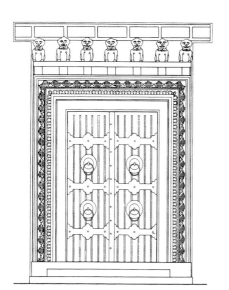

图3-116 布达拉宫丰盛聚会道大门

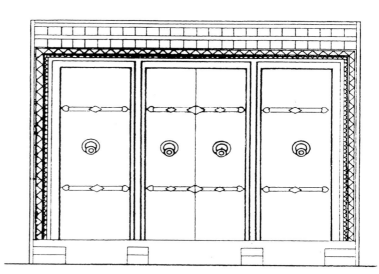

图3-117 布达拉宫灵塔殿大门门脸

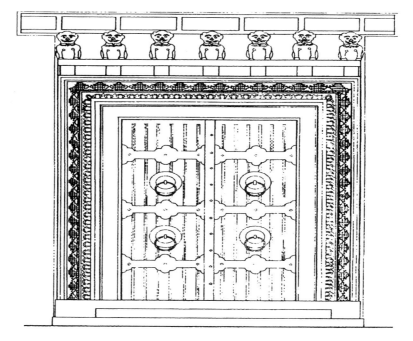

图3-118 布达拉宫丰盛聚会道大门门脸

第三章 建筑立面

（六）门斗栱

门斗栱一般用于院门或主体建筑大门，起装饰作用，通常内门和偏门不做。斗栱形如一个等腰三角形或斜三角形，分三部分：第一部分为最底层的托木，从墙上挑出，端头削成弧形；第二部分为支撑方木，分为三层，各层方木个数一般为1个、3个、5个或7个；第三部分为横木，有两块。第一层的方木比上面两层的大，置于底层托木之上，一、二、三层的方木用横木隔开。方木也有作两层的，第一层为1个，第二层为3个、5个或7个，两层时横木则只用一块。门斗栱基本形式如图3-119～图3-122所示。

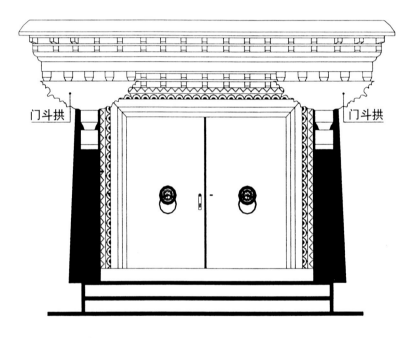

图 3-119 大门斗栱

贡嘎民居大门斗栱

188

门斗栱基本形式如下：

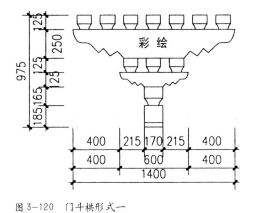

图3-120 门斗栱形式一

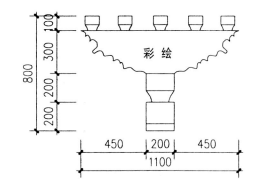

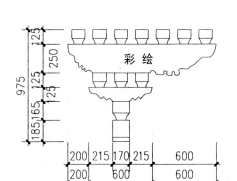

图3-121 门斗栱形式二

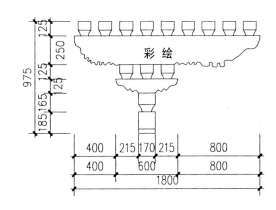

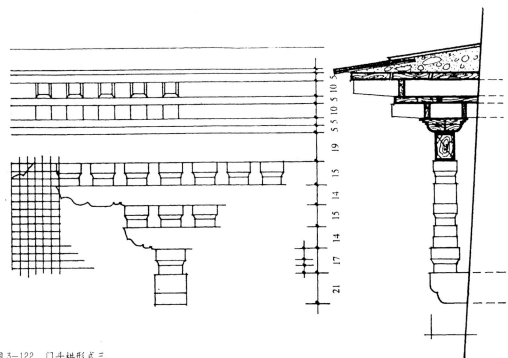

图3-122 门斗栱形式三

（七）门楣

门楣的作用相当于雨篷，主要是为了防止雨水对门及门上装饰的损坏，位置在门过梁的上方，用两层或两层以上（也有用一层）的短椽层层挑出而成。短椽外挑一端自下而上削成锲形，伸出于墙体之外，并略向上倾斜（俗称"飞子木"）。上层比下层多挑出一截，个数一般下层比门上短椽多两个，上一层又比下一层多两个，最上层的短椽一般围成三面环形，各层之间用木板隔开。最上层的木板之上一般再放上一层片石，片石之上加一层黏土做成斜坡以利排水。门楣的长度一般与门过梁长度相同或稍长，通常在短椽和飞子木上刷油漆涂料或彩绘（图3-123～图3-125）。

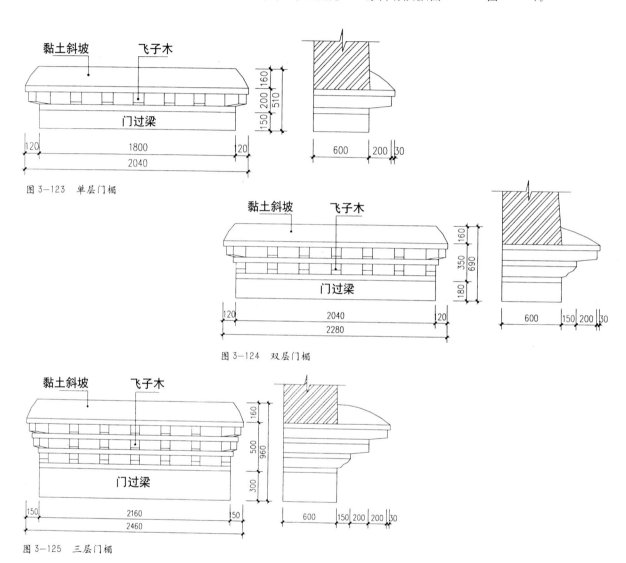

图3-123 单层门楣

图3-124 双层门楣

图3-125 三层门楣

仲巴寺门楣

190

（八）门帘

门帘有两种形式：一种是门楣帘，一种是门框帘。

门楣帘置于门楣盖板下，是由红、白、蓝、绿、黄等颜色的布料组合成带褶皱的帘子，或是用有镂空花纹的铁皮制作，宽度较窄（图3-126～图3-131）。

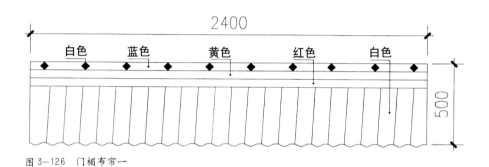

图3-126 门楣布帘一

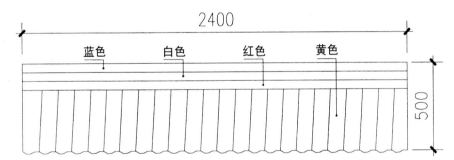

图3-127 门楣布帘二

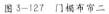
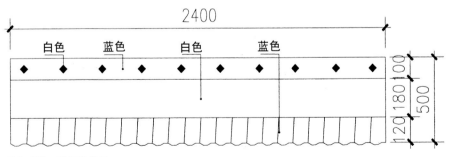

图3-128 门楣布帘三

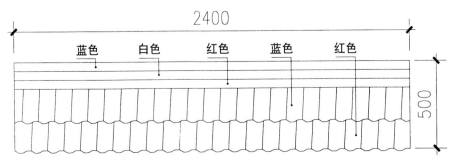

图3-129 门楣布帘四

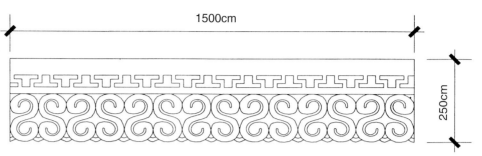

图3-130　门楣铁皮镂空花纹门帘一

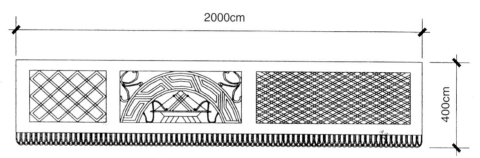

图3-131　门楣铁皮镂空花纹门帘二

扎西岗寺门帘

门框帘有两种：一种是用于内门，起阻挡视线和装饰作用，用布料制作，尺寸与门扇相同；另一种是用于进户门，用布料或牛毛编织而成，尺寸略大于门扇，门帘上装饰有宗教题材图案，有寿字符和盘长、法轮等八宝图案(图3-132～图3-134)。

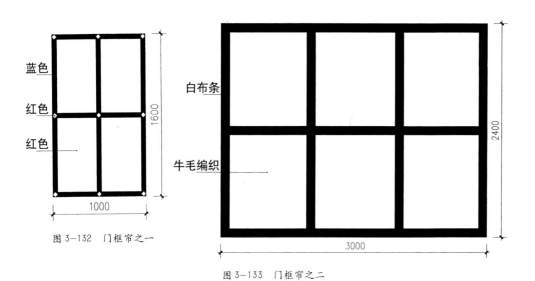

图 3-132 门框帘之一

图 3-133 门框帘之二

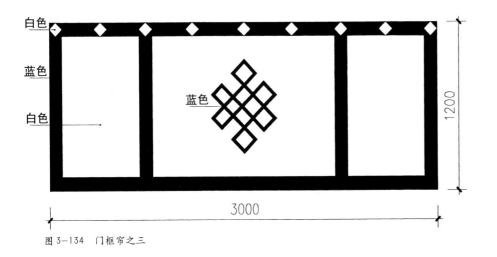

图 3-134 门框帘之三

（九）门套

门套位于门洞两边的墙上。门套的颜色一般
用黑色，其形状一般为直角梯形，上小下大，上
端伸至门过梁的下方，下端伸至墙角；有的则在
梯形的斜边上部加一尖角，如同两只牛角(图3-
135)。

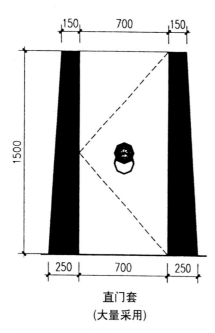

直门套
（大量采用）

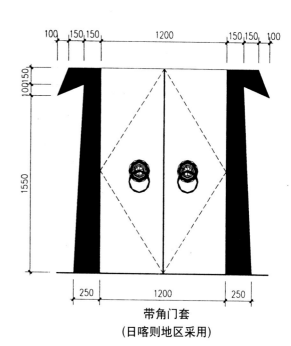

带角门套
（日喀则地区采用）

图3-135 门套形式

（十）门头

门头主要用于进户门，起装饰作用。门头置于大门上方，做成阶梯形，通常为二到三阶，有的做到五阶。大门正上方最高，有的还在最高阶中央放一牛头，其下方镶有佛龛，供奉佛像。有的门头顶部做成圆弧等形状，部分门头为藏汉结合形式（图3-136～图3-143）。

拉萨达孜民居门头

（十一）彩绘

彩绘内容一般为莲花、云彩、动物头像等。莲花绘于门脸，云彩绘于门框、过梁；动物头像绘于门扇、门框等部位。

（十二）雕刻

雕刻内容多为堆经、云彩、花饰等。堆经位于门脸；云彩、花饰位于门框、门脸等部位。

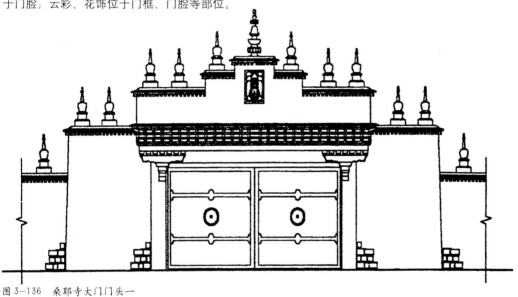

图3-136 桑耶寺大门门头一

图3-137 桑耶寺大门门头二

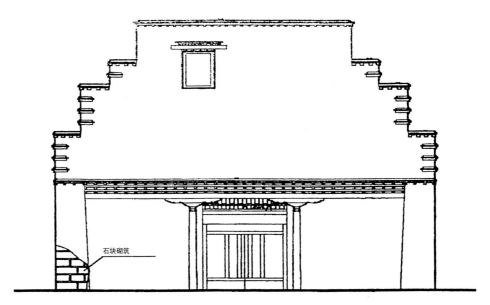

石块砌筑

图 3-138　桑耶寺大门门头三

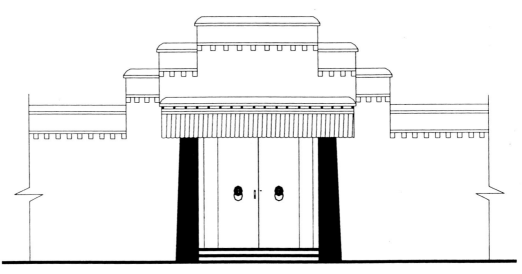

图 3-139　日喀则纳唐寺大门门头

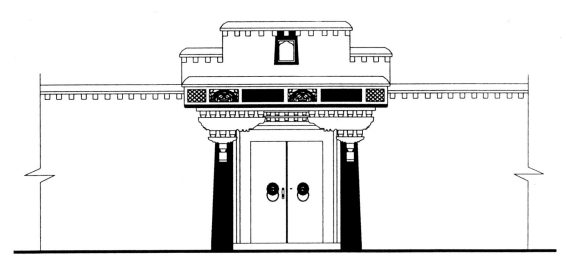

图 3-140　贡嘎民居大门门头一

图 3-141　贡嘎民居大门门头二

图 3-142 扎达民居大门门头

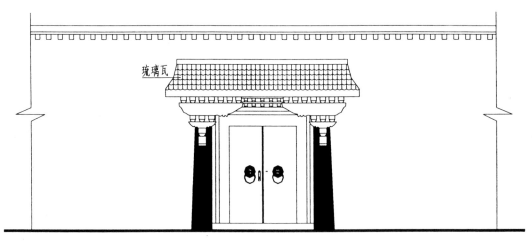

图 3-143 八宿民居大门门头

罗布林卡内院门头

日喀则地区寺院门头

第三章 建筑立面

科迦寺门头

普兰民居门头

拉萨地区寺院门头

第三节　窗

窗是建筑上采光、通风的装置。西藏藏式传统建筑窗的主要特点是：洞口尺寸普遍偏小，窗台高度较低，窗套形式多样，窗上装饰较多，南面开窗较多，一般不在北向开窗。

洞口尺寸小有多方面的原因：青藏高原气候寒冷，较小的门洞尺寸利于保温；房屋层高大多为低层高，要求窗洞口尺寸不宜过大；古时各部落、地区之间经常发生纷争，洞口较小利于防御；洞口尺寸小还含有驱鬼避邪等宗教原因。

窗台高度较低，一般在20～60cm，主要是受房屋层高的限制。因层高较低，如窗台较高则会减少采光面积。窗套形式多样，因地区而异，拉萨、山南、林芝、昌都、那曲和阿里大部分地方的形式基本相同，呈梯形；日喀则地区则在窗套两边各加一角，形如牛头；阿里普兰县境内的窗套形如小牛脸。

窗上装饰较多，主要以绘画为主，兼有部分雕刻。绘画内容多为莲花、云彩，雕刻主要是堆经等。

一、窗的材料

窗的材料主要为木质，部分有玻璃。因木材价格低廉，取材容易，制作方便，并坚固耐用；而玻璃在以前价格昂贵，较少使用。

二、窗的开启方式

因窗洞口尺寸较小，窗的开启方式以平开窗为主，部分为固定窗。平开窗所使用的连接构件简单，制作方便，开关灵活。平开窗一般有外开与内开两种形式，且以外开窗居多。外开窗在开启时不占使用面积，排水问题易解决，但有易损坏的缺点；内开窗开启时占用室内空间，但不易损坏。固定窗只起采光作用，构造比较简单，密封性能优良。

扎什仑布寺一组窗

古老的窗形式（大昭寺）

三、窗的形式

西藏传统建筑的窗的形式较多，有单扇、双扇和多扇之分，窗框、窗楣等均为木材制作，其最大的变化在窗扇上。转角窗用法限制较为严格，一般用于宫殿、寺院和贵族庄园(图3-144～图3-147)。

除装饰较多的窗之外，也有制作较为简单的窗，多用于普通民居(图3-148～图3-150)。

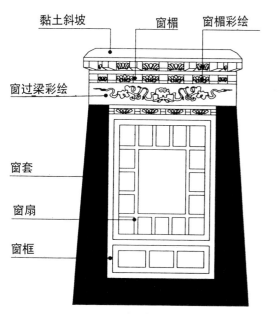

图 3-144　单扇窗

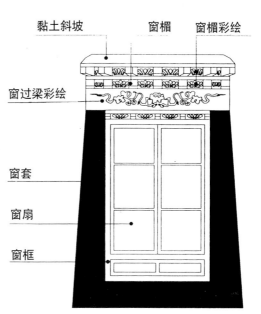

图 3-145　双扇窗

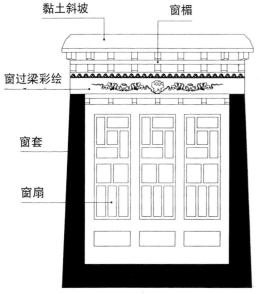

图 3-146　多扇窗

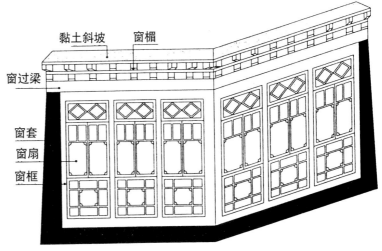

图 3-147　转角窗

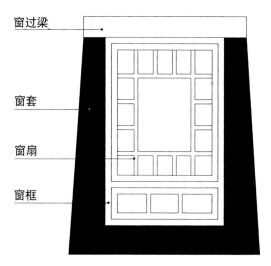

窗过梁

窗套

窗扇

窗框

图 3—148　单扇窗

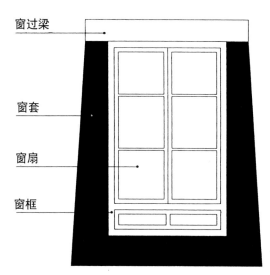

窗过梁

窗套

窗扇

窗框

图 3—149　双扇窗

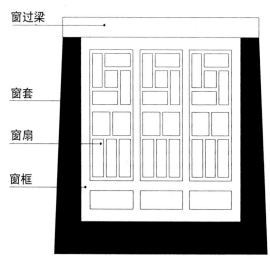

窗过梁

窗套

窗扇

窗框

图 3—150　多扇窗

古老的窗形式之一

古老的窗形式之二

昌都八宿县民居外窗

四、窗的构成元素

窗的构成元素包括：窗框、窗扇、窗楣、窗帘、窗套、窗台等。

（一）窗框

窗框是用来安装和固定窗扇的，其形状为矩形。窗框宽度一般在 5～10cm 之间。为使窗框耐用，常刷上油漆作保护。

林芝民居窗

（二）窗扇

窗扇是窗的通风采光部分，需开启、关闭或固定。窗扇安装在窗框内，每扇窗扇四周用木条固定，内装木板或玻璃。窗扇有可动和固定两种形式。固定窗扇一般位于窗框下部和上部；可动窗扇位于窗框上部或中间。一般窗扇外面要做窗格。窗格形式多种多样，以下就是常见的几种窗格形式（图3-151～图3-156）。

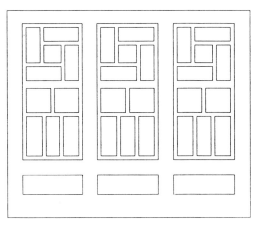
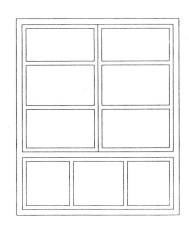

图 3-151　普通窗扇一

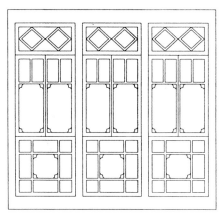
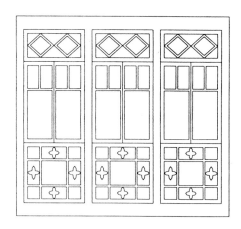

图 3-152　普通窗扇二

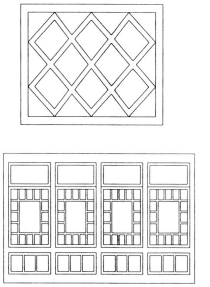
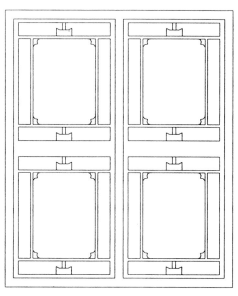

图 3-153　普通窗扇三

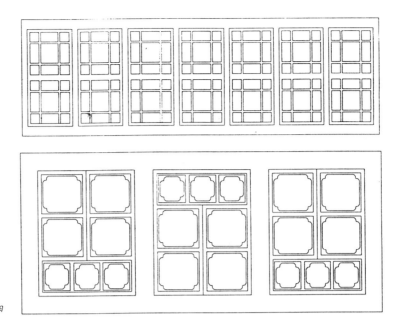

图3-154 普通窗扇四

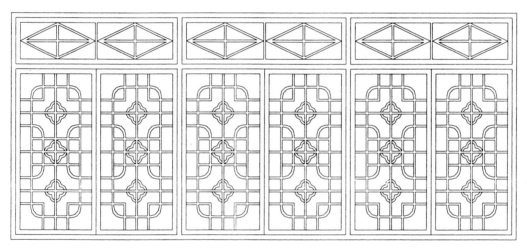

图3-155 雕花窗扇

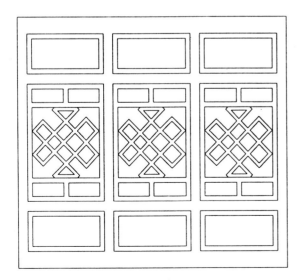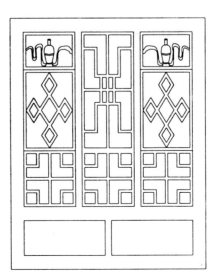

图3-156 宗教题材（盘长）装饰窗扇

（三）窗楣

窗楣作用是防止雨水对窗及窗上装饰的损坏，一般做成短椽形式，其自身也起装饰作用。窗楣位置在窗过梁的上方和下方，过梁下方的短椽一般做一层，个数一般为单数，以5个、7个居多，均匀分布于窗框之上，从窗框上挑出而不伸出墙面，端部削成弧形（俗称为"猴脸飞子木"），再涂上油漆，或在弧形面上绘制图案。短椽尺寸没有统一标准，视窗的尺寸而定。

过梁上方的短椽一般做两层或两层以上，长方体木条制作，层层挑出。短椽外挑一端自下而上削成契形，伸出于墙体之外，并略向上倾斜（俗称为"飞子木"），上层短椽比下层多挑出一截，个数一般上层比下层多两个，最上层的短椽一般围成三面环形，各层之间用木板隔开，最上层的木板之上一般再放上一层片石，片石之上加黏土做成斜坡利于排水。窗楣的长度一般与窗过梁长度相同或稍长，且飞子木上也刷油漆涂料或彩绘（图3-157）。

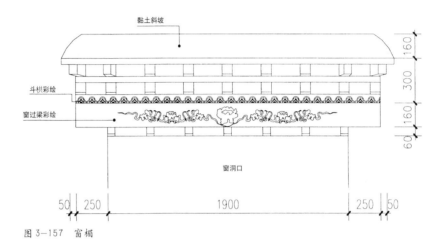

图 3-157 窗楣

窗楣

（四）窗帘

窗帘有两种形式：一种是窗楣帘，一种是窗框帘。

窗楣帘置于窗楣盖板下，是由红、白、蓝、绿、黄等颜色的布料组合成带褶皱的帘子，或是用有镂空花纹的铁皮制作，与门楣帘形式相同；窗框帘置于窗框内，起阻挡视线的作用，用布料制作（图3-158,图3-159）。

曲松县民居窗楣帘(铁皮制)

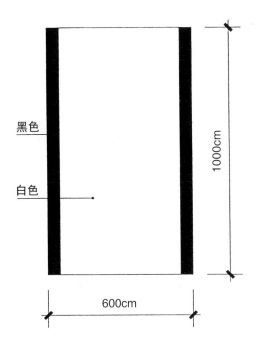

黑色

白色

1000cm

600cm

图3-158 窗框帘一(使用较少)

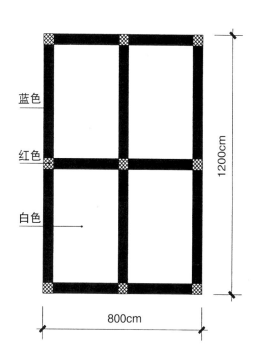

蓝色

红色

白色

1200cm

800cm

图3-159 窗框帘二(使用较多)

窗楣帘

窗帘

第三章 建筑立面

窗楣帘与窗帘

窗楣帘与窗帘

（五）窗套

　　窗套位于窗洞左右边和底边的墙上，形成一个u字形。其形状主要有牛脸和牛角两种形式，颜色一般为黑色，俗称黑窗套，亦称梯形窗套(图3-160～图3-164)。

普兰县民居窗套

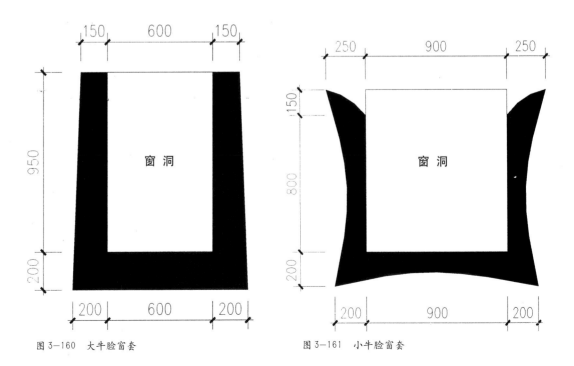

图 3-160　大牛脸窗套　　　　　　　　图 3-161　小牛脸窗套

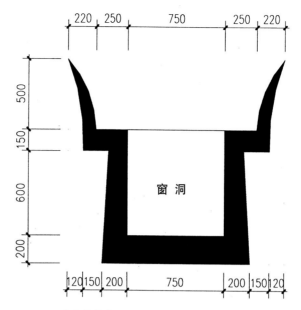

图 3-162 大牛角窗套

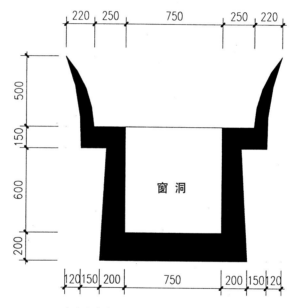

图 3-163 中牛角窗套

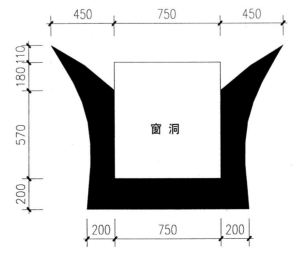

图 3-164 小牛角窗套

（六）彩绘

彩绘内容一般为云彩、花卉等，常见于窗过梁和短椽处。有些窗框上方雕刻堆经后进行装饰（图3-165）。

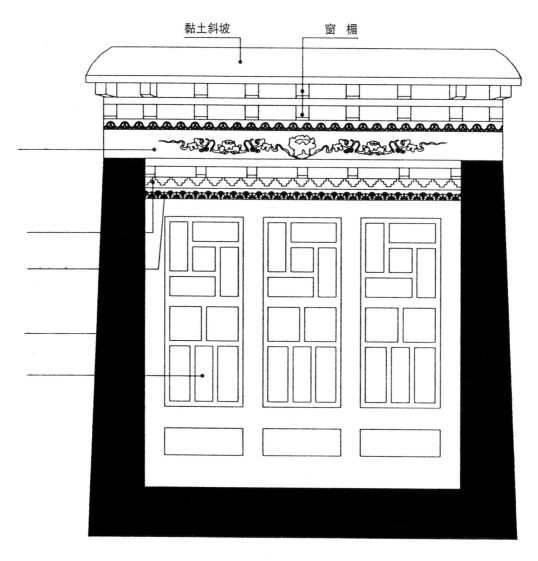

黏土斜坡　　　　　窗楣

图3-165　窗彩绘图

窗套

（七）窗台

西藏传统建筑窗台比较简单，只有很少部分在窗的窗框下方做重椽，一般做二重椽，每层椽个数无统一标准（图3-166）。

拉加里王宫窗台

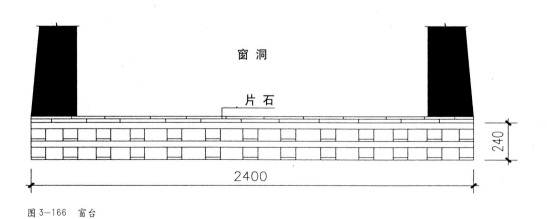

图3-166　窗台

第四节　檐口

西藏藏式传统建筑屋顶以平屋顶居多，其檐口构造独具特色。按照檐部材料的不同，可分为边玛墙檐口、石墙檐口、土墙檐口。

一、边玛墙檐口

"边玛"檐墙是藏式传统建筑特有的一种装饰，也是尊贵建筑的标志，一般用于宫殿、寺院中重要建筑和重要的贵族庄园。

大昭寺千佛廊檐下

（一）边玛墙檐口的构造

边玛墙檐口的做法一般有两种：一种是齐墙边玛墙，边玛草与墙体同时砌筑，边玛草与下部墙体平齐。这类边玛墙广泛地用于前后藏地区，是一种普遍做法（图3-167）；另一种是挑檐边玛墙，从墙体中挑出木椽，其上放置边玛草，起装饰作用，这种做法仅在阿里地区采用(图3-168)。

布达拉宫边玛墙

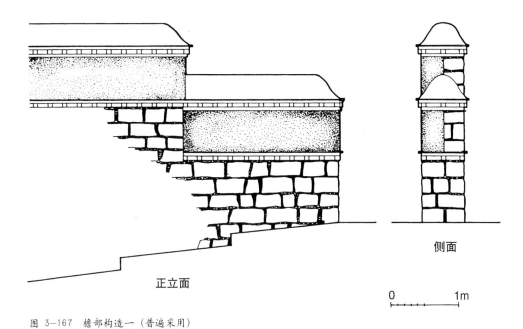

侧面

正立面

0　　　　　1m

图 3-167　檐部构造一（普遍采用）

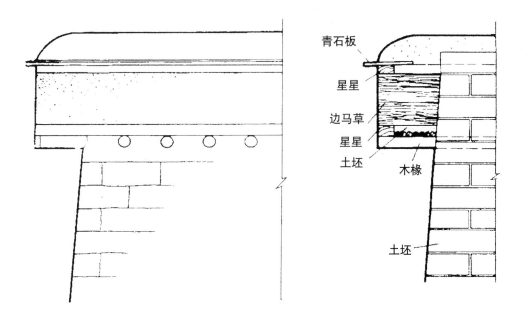

青石板

星星

边马草

星星

土坯

木椽

土坯

图 3-168　檐部构造二（阿里采用）

0　　　　　1m

（二）边玛墙檐口的形式

根据西藏传统建筑的做法，女儿墙高度越高，房屋显得越高大，房屋就越尊贵。边玛墙檐口虽仅用于重要建筑，根据等级的不同，其做法也稍有差别。根据檐口的木椽挑出的层数，边玛墙檐口有单重檐、双重檐、多重檐之分。

阿里扎西岗寺檐部

1、单重檐边玛墙

这种边玛檐墙在寺院和庄园主要建筑使用比较普遍（图3-169，图3-170）。

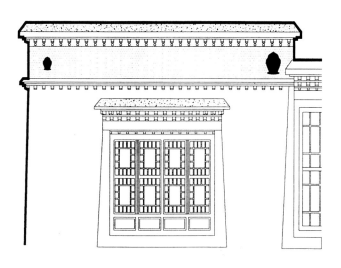

图 3-169　昌都强巴林寺檐部　　0　1m

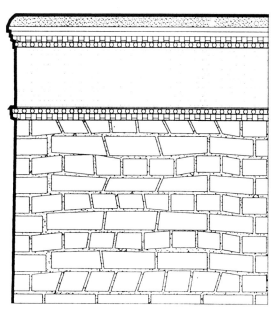

图 3-170　敏株林寺祖拉康檐部　　0　1m

昌都民居檐口

2、二重檐边玛墙

这种双檐口边玛墙主要用于宫殿寺院重要建
筑和显赫贵族庄园建筑(图3-171~图3-173)。

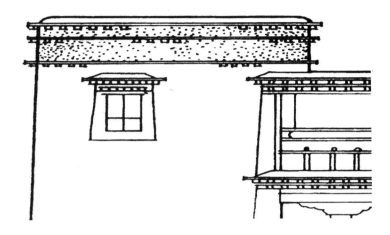

图3-171 日喀则市夏鲁寺嘎瓦扎仓檐部

图3-172 罗布林卡格桑得齐颇章檐部

图3-173 阿里科加寺觉康大殿檐部

桑耶寺檐口

3、多重檐檐口

布达拉宫是旧西藏政教权力的象征，除宫城内的住宅和小型建筑外，宫殿建筑均使用了边玛墙，其重要建筑往往使用三重檐或三重以上的边玛墙(图3-174~图3-176)。

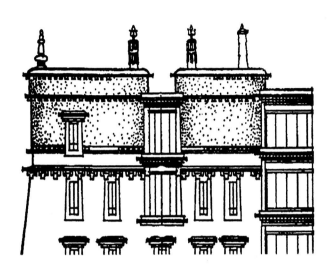

图3-174 布达拉宫檐部一（三重檐）

0   1m

图3-176 布达拉宫檐部三

图3-175 布达拉宫檐部二

第三章 建筑立面

桑耶寺檐口

敏珠林寺檐口

二、石墙檐口

干砌石墙和黏土浆砌石墙在西藏大量使用，广泛用于各类房屋，厚度和高度各异，但其檐部形式较单一。

（一）石墙檐口的构造

石墙檐口构造一般做法是：木椽挑出，放置木板和石板，最上面放黏土做成斜坡，以便排水。女儿墙压顶一般采用黏土(图3-177)。

贡嘎县民居石墙檐口

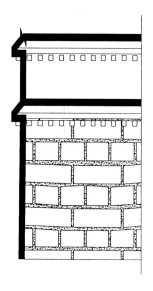

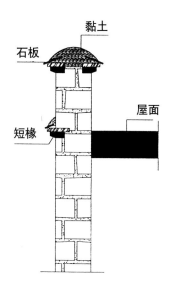

图3-177 石墙檐口构造图

（二）　石墙檐口的基本形式

　　石墙檐口的立面形式较简单，按木椽的挑出
层数，有单檐和双檐之分（图3-178，图3-179）。

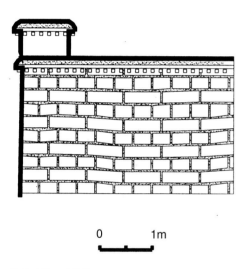
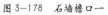
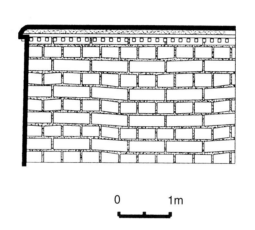

图3-178　石墙檐口一

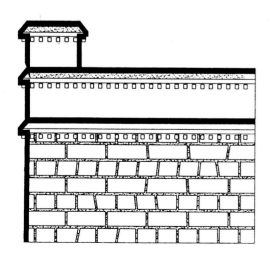
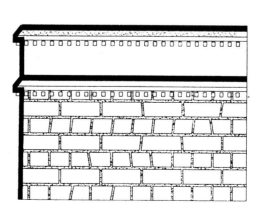

图3-179　石墙檐口二

扎塘寺边玛墙

三、土墙檐口

（一）土墙檐口的构造

土墙由于材质的影响，女儿墙高度均较低。檐部多堆放柴草和牛粪饼。其堆放方式一般有两种，一种是直接堆放在女儿墙上，一种是挑檐堆放（图3—180，图3—181）。

阿里民居檐口

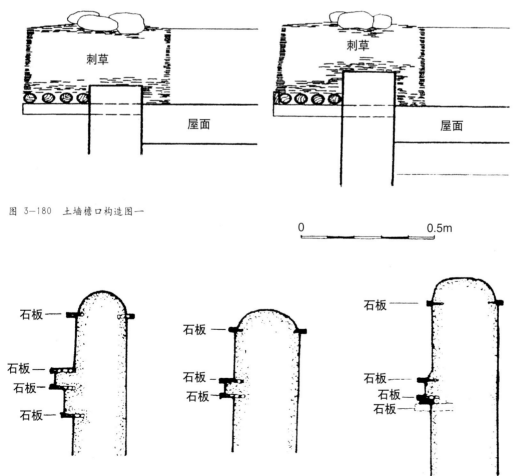

图 3—180 土墙檐口构造图一

图 3—181 土墙檐口构造图二

（二）土墙檐口的基本形式

土墙檐口的立面形式较简单,短椽挑出较少,在女儿墙上多堆放柴草和牛粪饼(图3-182,图3-183)。

牛粪饼

图3-182　土墙檐口一

阿里普兰民居柴草檐口

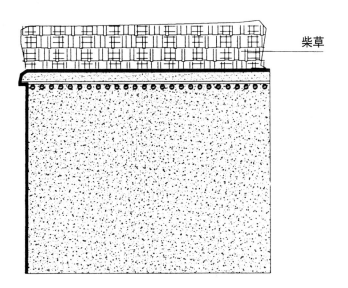

柴草

图 3-183 土墙檐口二

日喀则萨迦民居檐口

科迦寺檐口

阿里地县民居刺草檐口

第三章 建筑立面

墙装饰

墙装饰

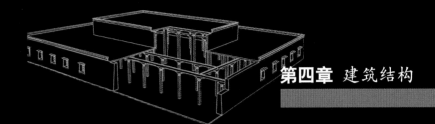

4

第四章 建筑结构

西藏传统建筑大多采用土木、石木和木结构，柱网结构形式是其最大特色。结构体系大多为外刚内柔，即外部多采用石墙或夯土等承重墙，内部采用木梁柱构架的混合结构形式。每个单体建筑即为一个独立的结构单元，这些结构单元的平面大多是矩形或方形。平面内部按井字形（或近似井字形）布置若干上下贯通的墙体。在四周墙体内的空间，用梁柱组成纵向排架，梁上铺密椽，若需加大内部空间，则由数列纵排架组成。上下层建筑的梁柱排架，上下对齐在一条垂直线上，上下层一般不使用通柱(图4-1)。

藏式传统建筑的主要承重结构，由密椽、梁、柱、墙体、基础组成。其荷载传递路线是：

荷载→密椽→墙体→基础→地基
梁→柱 ┘

荷载的传递方式为：一部分荷载通过承重墙直接传递到基础，另一部分则通过木柱向下传递。一般来说，木梁沿平面的纵向布置，椽木沿横向铺设在梁与梁之间或梁与墙之间。这样，纵墙上不会有集中荷载，便于门窗的开设。

藏式传统建筑中，不论石木结构，还是土木结构，都有木构架。木构架除柱、梁之外，还有斗、托木、弓木、椽木等，这些构件与构件之间多暗销连接，不用铁件。

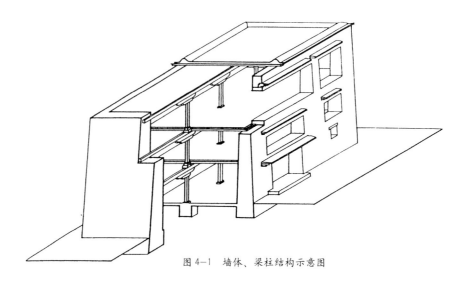

图4-1 墙体、梁柱结构示意图

第一节 墙体

墙体是西藏传统建筑承重的主要部分，从形式和风格讲主要有收分墙、边玛墙和地垄墙三种形式。

一、收分墙

藏式传统建筑的墙体特点是建筑外墙均有收分。墙体收分能够增强建筑物的稳定，高山上的建筑物比平坦、开阔场地上的建筑物的外墙收分更为突出。外墙厚度在0.5～2m之间，最厚的外墙达到5.5m。墙外壁向内侧收分的一般角度为6～7度（比例为1/10～1/60）（图4-2）。墙体施工主要凭经验砌筑，体形稳固。从结构需要上看，在当时的条件下，要提高墙体的承载能力，只有加大墙体的厚度。采取随着墙体增高而收分的做法，一方面是满足墙体自身稳定的需要，另一方面也是为了求得整体结构的稳定。建筑物各层木构架之间没有连接措施，只是保持柱位重叠。椽、梁柱之间也只是上下搭接。采用"收分"这种处理办法，可以减轻墙体上部的重量，使整座建筑的重心下降，增加建筑物的稳定性，提高抗震能力。

隔断墙主要用土坯砌筑，土坯常见尺寸为11cm×23cm×48cm。墙体中间一般夹有木柱，但不将柱子包在墙内，墙厚20～30cm，与木柱径大致相同。土坯墙用泥浆砌筑，砌法多为顺砌或陡筑。版筑墙一般用黄土，内掺碎石或细木棍作为骨料。板筑墙用块石砌筑墙基，上置墙板，加生土夯筑。墙板间宽度按端头档板进行控制。墙体需要收分，档板做成梯形。墙板用"地牛"、"田

拉萨色拉寺的展佛台墙体收分

拉萨色拉寺墙体收分

鸡腿″和箍头固定好，然后倒土捣筑。筑墙的木杆长2m左右，一端做成纺锤形，一端做成长圆形。筑好一层再筑第二层，每层厚一般约0.08~0.1m，长度约2m。约三、四层为一板，筑好一板，向前移筑或向上移筑第二板。收分比率较小（2%~3%的收分）的收分墙主要用于3层以下的一般民居或等级较低的建筑。收分比率较大（5%以上）的收分墙主要用于3层以上的寺院、庄园等建筑。收分比率特别大（10%左右）的收分墙主要用于依山修建的宫殿和城堡等高大建筑（图4-2~图4-9）。

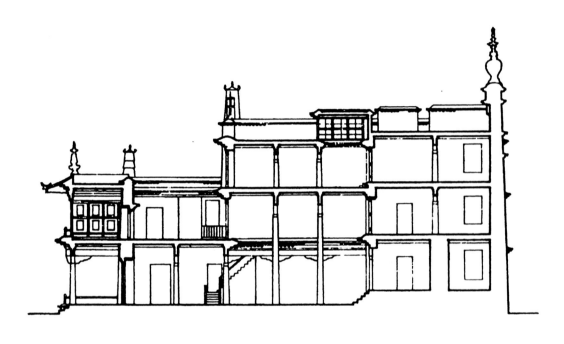

0 1 2 3m

罗布林卡金色颇章正立面图

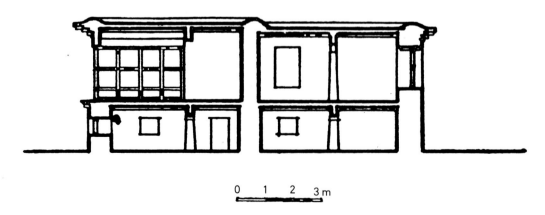

0 1 2 3m

罗布林卡其美曲溪颇章剖面图

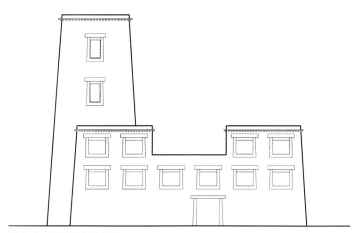

图4-2 康定新都桥碉楼

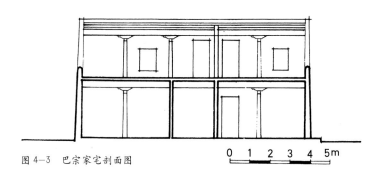

图4-3 巴宗家宅剖面图

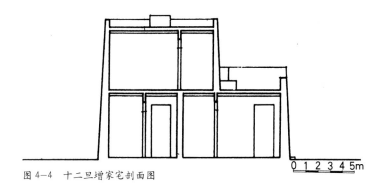

图4-4 十二旦增家宅剖面图

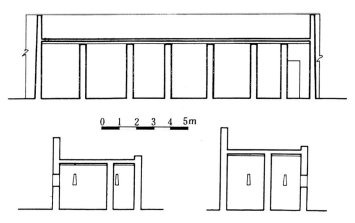

图4-5 古格王国城墙碉堡剖面图

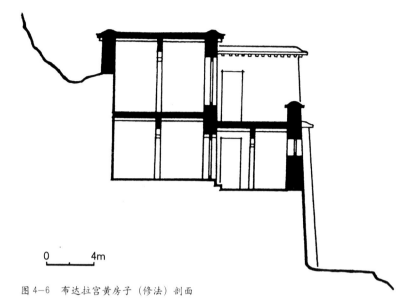

图4-6 布达拉宫黄房子（修法）剖面

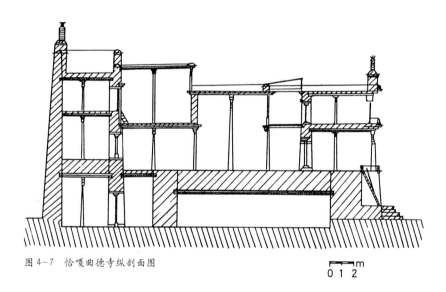

图4-7 恰嘎曲德寺纵剖面图

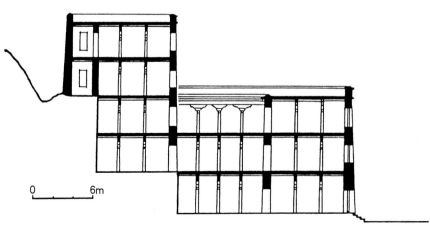

图4-8 布达拉宫山脚下原藏军司令部剖面图

布达拉宫白宫

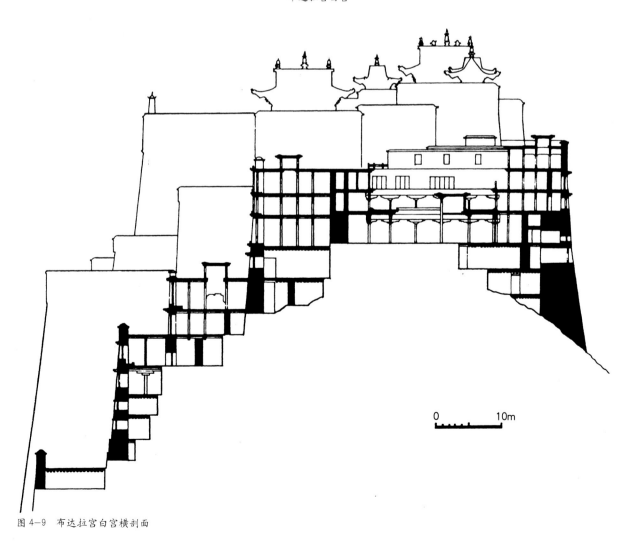

0   10m

图 4-9 布达拉宫白宫横剖面

二、地垄墙

地垄墙主要在依山建筑中用作建筑物的基础部位。根据建筑物的规模和所选地址的情况控制地垄墙的层次,有的只有一、二层,但也有四、五层的。地垄墙主要为竖向砌筑,与外墙横向连接;如果地垄进深较长,也在一定的距离内设置横向墙连接。地垄墙根据整个建筑的高度和地质情况等需要确定其墙厚,高层城堡(如:布达拉宫)的基础地垄横向外墙要留通风道,地垄层次的外墙上要留小型的窗户,不仅能解决通风的问题而且可以采光。通常情况下,地垄墙形成的空间一般不住人,个别地垄用来存放一些柴火或牛粪等燃料,原因是地垄空间都为2m左右的长方形平面,也就是说地垄墙的设置都要以顶层建筑的柱距确定。地垄墙的层高也是根据地质、地形条件和上部建筑面积的需要而确定,一般情况下地垄层高和房屋层高是基本相同的。依山建筑的设计中把地垄墙作为建筑物基础和抬高整体建筑的主要措施之一。依山而建的西藏传统建筑的地垄墙做法,可以节约大量的人、财、物力,还可以起挡土墙的作用。如果采用整体墙抬高上层房屋的基础,不仅耗费巨大的劳动力和大量石头等建筑材料,而且由于整个墙体的自重和下滑的推力,很可能会导致整个建筑向下滑移、开裂甚至出现倒塌的危险。因此,山体建筑采用地垄墙的做法是藏式传统建筑中极具创意的建筑手法之一(图4-10~图4-15)。

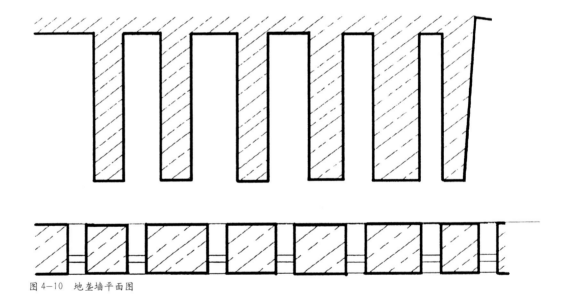

图4-10 地垄墙平面图

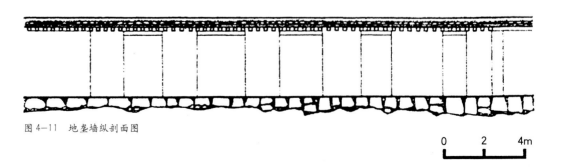

图4-11 地垄墙纵剖面图

0　　2　　4m

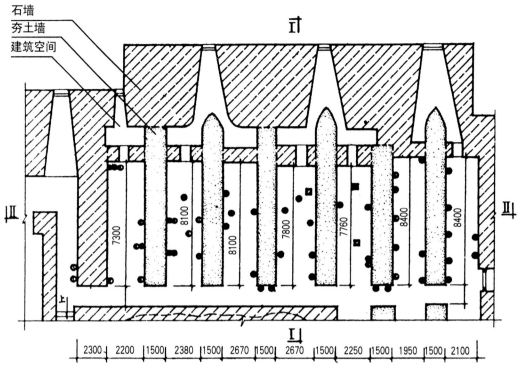

石墙
夯土墙
建筑空间

图 4-12　布达拉宫白宫北侧上层地垄墙平面图

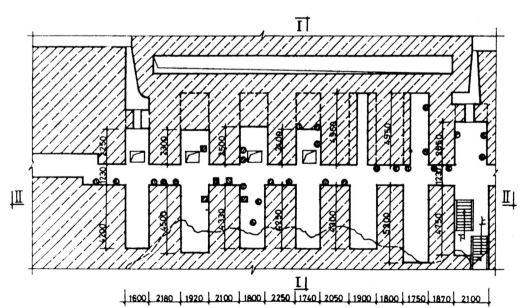

图 4-13　布达拉宫白宫北侧中层地垄墙平面图

布达拉宫的建筑基础有两种做法。第一种是下面宫城区的建筑。因建在平地上,采用条形基础,其宽度取决于层高和收分程度,一般略大于墙体基部宽度。在拉萨地区,建筑物北面的冻土深度至多0.8m,建筑基础埋置深度多为0.5～0.8m(见沙卵石层)。具体做法是,挖好基槽后,将素土夯实,然后铺卵石或毛石一层。如果是比较高级的建筑,卵石要摆放整齐,再加粘土夯实,一般为三层卵石,三层粘土,分层夯实。柱子的基础,一般是挖一半见方的基坑,坑内铺垫卵石与黏土,分层夯实后放置柱基石。

第二种是沿山砌筑的建筑,是在岩石上直接砌筑基础墙。据记载,在平整布达拉宫山上地基的同时,还清除了表层的黑色熟土和白色风化岩土层,以保证基础的坚实稳固。基础墙多采用石块砌筑。由于墙体要与上部柱子对应,基础墙的中距与上部柱子的中距相等。墙体砌至2～3m高时,即可铺设椽子。如果山势陡峭,基础墙的高度则需要满足建筑平面的要求。

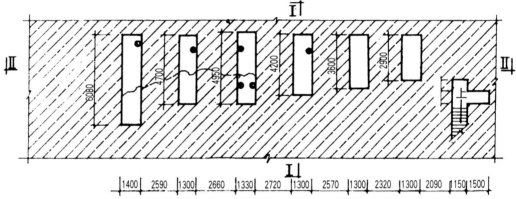

图4-14 布达拉宫白宫北侧底层地垄墙平面图

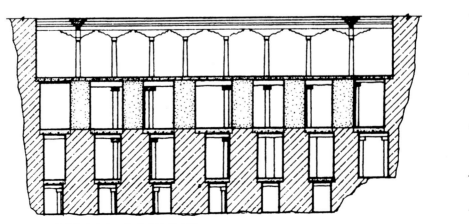

图4-15 布达拉宫白宫北侧地垄墙剖面图

三、边玛墙

边玛墙是用晒干后的柽柳树枝捆扎后堆砌而成的。具体做法是，将柽柳枝剥皮晒干，用细牛皮绳捆扎成直径为0.05~0.1m的小束。每束一般长0.25~0.3m，最长的有0.5m，小束之间用木签穿插，连成大捆。然后将截面朝外堆砌在墙的外壁上，并用木锤敲打平整，压紧密实，内壁仍砌筑块石。一般柽柳占墙体厚度的三分之二，块石占墙体厚度的三分之一。由于树枝的截面一般较粗，梢端较细，因此，需要用碎石和黏土填实

柽柳和块石之间的空隙。最后，用红土、牛胶、树胶等熬制的粉浆，将枝条面成赭红色。边玛檐墙上的镏金装饰构件，直接固定在预埋于檐口中的木桩上。边玛檐墙上下都铺有装饰木条和出挑小檐头，木条上有垂直的杆件，杆件上留有洞，用木条插在枝捆中加固。椽头上置薄石片，略挑出，其上覆以阿嘎土层作保护层。边玛墙一般不做承重墙(图4-16)。

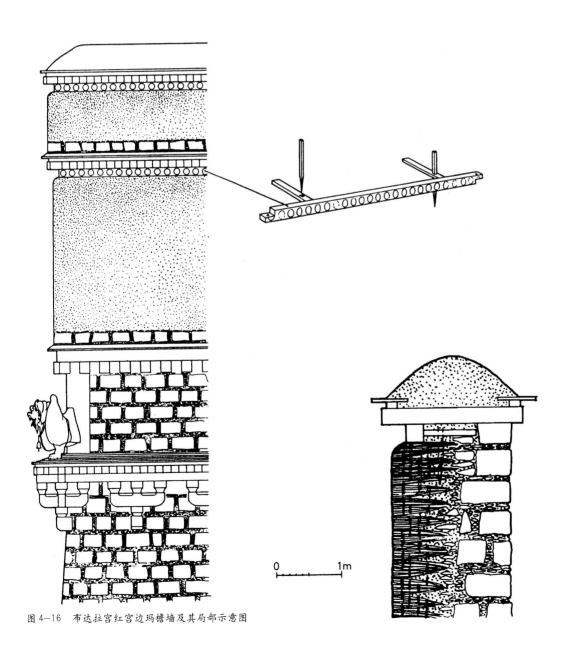

0   1m

图4-16 布达拉宫红宫边玛檐墙及其局部示意图

拉萨地区的边玛墙做法是：边玛草与檐部墙体同时砌筑。古格地区的做法是：墙体内悬挑出木椽，上铺园木枝杆，压土坯一层，外口封星星串封板，上面密铺刺草，刷赭红色。在挑出的木椽上，一般雕刻都非常精细，有龙、摩揭鱼、金翅鸟等花饰。这种边玛檐口做法，与阿里民居建筑檐口堆放刺草的做法十分相似。民居建筑的檐部也是由墙面支出木椽，上铺枝条，再堆放刺草（图4-17）。

第四章 建筑结构

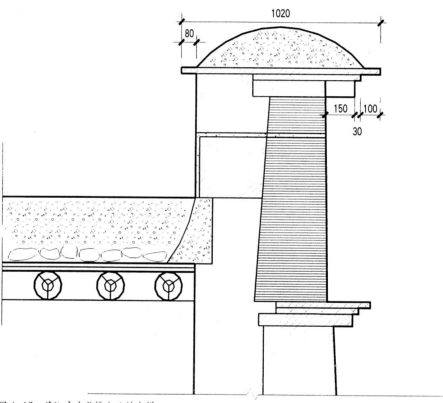

图4-17 萨迦寺南敌楼女儿墙大样

四、其他墙体

（一）卵石墙

古格遗址有一道很长的镶嵌卵石石刻的土墙。该土墙位于遗址的北山脚下,残存墙体长100多米,墙厚0.5m,高2.77m。竖向分三段,底部为卵石勒脚,高0.45m。中部墙身,由土坯砌筑。土坯规格为16cm×18cm～46cm×15cm,砌筑方法顺、顶相间。土坯规格正好适应这种砌筑模数的需要。上段用泥封顶,两面镶嵌卵石。卵石扁平,长约26～45cm,宽约23～30cm,厚8～10cm。上面刻有经文、六字真言、佛像、佛塔等线刻和浅雕。由于墙体很长,为了加强墙体的刚度和稳定性,每隔4.45～5m左右两侧加侧墙支撑。侧墙宽20cm,长60cm,高与主墙体相同(图4-18、图4-19)。

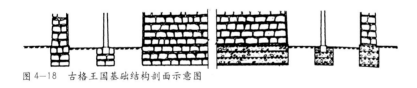

图4-18　古格王国基础结构剖面示意图

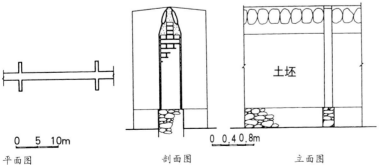

平面图　　　　　剖面图　　　　立面图

图4-19　古格王国卵石墙平面、立面、剖面图

（二）土墙

以古格遗址的一段残墙为例。该残墙有上、下两部分。下部分墙体有内、外两墙，外墙土筑，厚55～60cm，高约2.9m，紧邻峭壁。内墙用土坯沿山砌筑，土坯规格为47cmX25cmX10cm。内外墙之间的甬道宽约1.0～1.2m，窄处0.96m，可过人。甬道顶部，横向排列圆径16cm檩条，檩条上纵向放置圆径8cm的小椽木，构成结构承重层。木椽上面，密铺圆径3～5cm的树枝条和杂草作基层。面层为30cm左右的夯实泥土。上部分为单层

墙。墙用土坯砌筑，墙厚27cm，高70～75cm，内侧设墙垛加强刚度，墙垛断面尺寸为42cmX 27cm和25cmX 27cm两种，其间距约3m。上、下两部分墙面向外开有射箭孔和望孔。上部分箭孔呈梯形，上口16cm，下口20cm，高50cm。下部分箭孔亦为梯形，上口15cm，下口20cm，高50cm，间距约1.5～1.8m。上、下箭孔互相错位（图4-20～图4-23）。

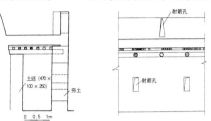

图4-20 古格王
国山顶宫城城墙构造图　　纵剖面图

昌都民居土墙

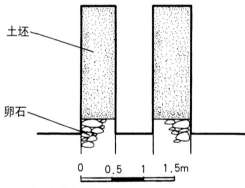

图4-21 托林寺围墙剖面图

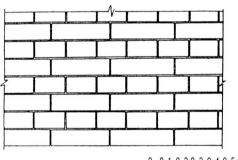

图4-22 土坯墙体砌筑方式示意图

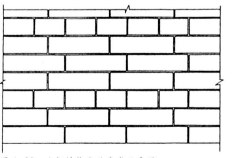

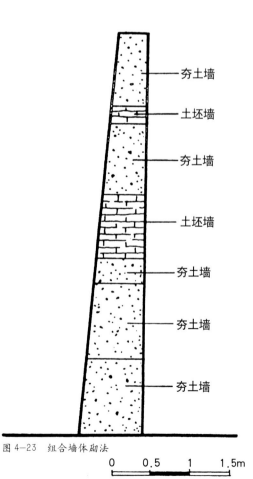

图4-23 组合墙体砌法

拉萨色拉寺边玛墙

拉萨民居土墙

（三）木墙

　　木墙由圆木或木板拼合而成，有横拼和竖拼两种形式，在接头和间距1.5m处，用竖向或横向木方对木板或圆木进行榫卯连接，以加强房屋的整体性。木墙主要用于林区的井干式或干阑式建筑，具有较强烈的自然和古朴的风格（图4-24，图4-25）。

林芝地区井干式木墙

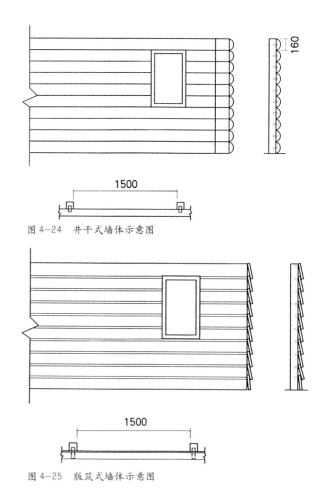

图 4-24　井干式墙体示意图

图 4-25　版筑式墙体示意图

第二节 柱梁

藏式传统建筑承重体系，除墙体承重外，主要还有木柱、木梁承重。

西藏大部分地区的木材比较缺乏，加之山高路远，运输困难，木料一般都被截成2～3m左右的短料。因此，建筑物的木柱长度一般都在2～3m左右，柱径在0.2～0.5m之间。重要建筑的大殿、门厅的梁柱用比较高大粗壮的木料。建筑物的柱子断面有圆形、方形、瓜楞柱和多边亚字形（包括八角形、十二角形、十六角形、二十角形等）。多边亚字形木柱的做法，是在方形木料四边附加矩形边料；瓜楞柱则用圆木拼成。主料和边料的连接，是在相同的位置上开几个0.05m×0.1m左右的榫眼，打入木销和楔子，上下用二至三条铁条箍紧。各式柱子都有收分和卷杀。

柱顶上一般有坐斗，斗与柱头用插榫连接。斗上置雀替、大弓木。雀替为拱形，一般长0.5m。其下垫以硬木。弓木的长度不等，为柱距的1/2～2/3。

藏式传统建筑中柱距一般为2～3m，梁枋木上密排的椽子长度也与柱距基本相同，椽子有圆形和方形两种，圆木用于地下室和一般房间。档次较高的房间内的椽子比较齐整，断面为方形，一般为0.12m见方。梁枋上两边的椽子错落密排，露出椽头，以保持足够的支撑长度（图4-26）。

藏式传统建筑的梁置于雀替之上。梁的长度一般为2m左右，梁的高度为0.2～0.3m，宽度为0.12～0.2m。梁上叠放一层椽木，椽木上铺设木板或石板、树枝；另一种方法是在梁上叠放数层梁枋木和出挑的小椽头，以增大密椽木的支承长度和加大建筑净空。在凹凸齿形的梁枋木上，放置的出挑各式椽头之间嵌有挡板。椽子在墙体上的支承（埋置）长度一般为墙体的2/3，主梁在墙体上的支承长度则与墙体的厚度相同。柱和梁的连接法有两种：一种是在弓木上置斗，以斗承梁；一种是柱头置斗栱，其目的是为了加大建筑净空。

山南桑耶寺梁柱

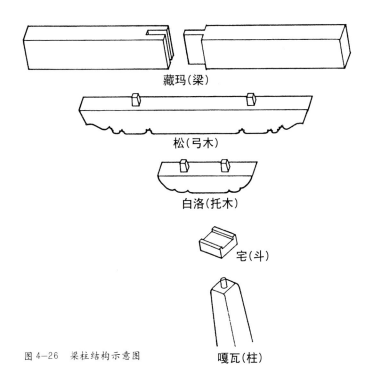

藏玛（梁）

松（弓木）

白洛（托木）

宅（斗）

嘎瓦（柱）

图4-26 梁柱结构示意图

一、柱网结构

民居、庄园、寺院、宫殿柱网结构的形式由简至繁。一柱式（图4-27）是其最基本的结构形式和结构单元。二柱式、三柱式和复杂柱网结构形式都是由一柱式发展演变而来。柱网结构形式的使用和发展对解决西藏多数地区木材短缺和运输困难问题发挥过重要作用。它比较合理和充分地利用了长度较小的梁柱，创造了较大的建筑空间，提高了建筑的稳定性和抗震能力（图4-28～图4-30）。

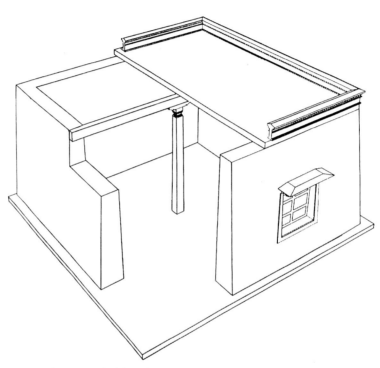

图 4-27 一柱式柱网鸟瞰图

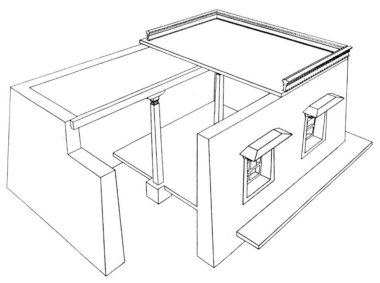

图 4-28 二柱式柱网鸟瞰图

拉萨色拉寺柱网

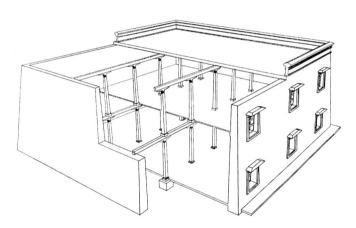

图4-29　二层柱网鸟瞰图

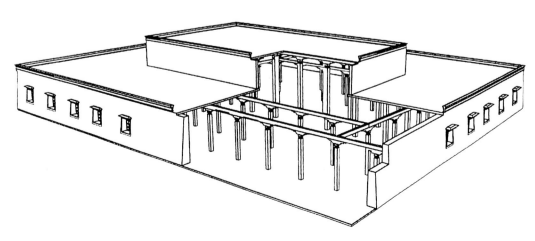

图4-30　色拉寺措钦大殿柱网鸟瞰图

二、斗栱

　　主要用于主殿、灵塔殿、金顶和其他一些等级比较高的建筑物，但斗栱的形式和做法与内地明、清时期建筑上的斗栱有较大区别。如八世达赖喇嘛灵塔殿上层柱头上都用坐斗承托纵横交叉的重翘斗栱。五世达赖喇嘛灵塔还用了双翘并列的斗栱形式，翘上直接承受纵横的大梁或环梁，没有正心枋和拽枋，"斗口"尺寸也大小悬殊，与整个建筑没有明确的模数比例关系。另外藏式传统建筑斗栱的斗口一般都比较浅(图4-31～图4-34)。

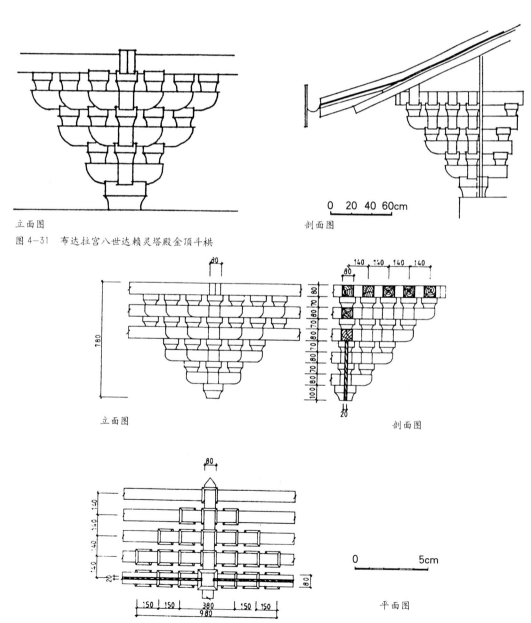

立面图　　　　　　　　　　　　　剖面图

图4-31　布达拉宫八世达赖灵塔殿金顶斗栱

立面图　　　　　　　　　　　　　剖面图

平面图

图4-32　布达拉宫五世灵塔平身科斗栱

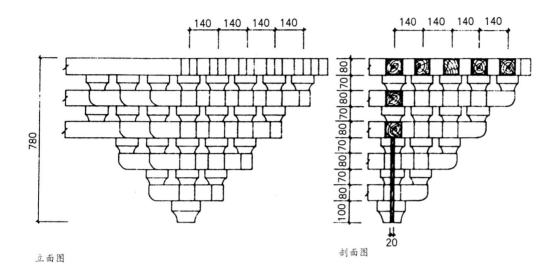

立面图

剖面图

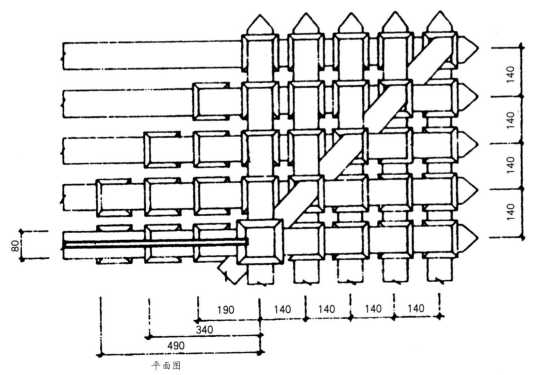

平面图

图4-33　布达拉宫五世灵塔角科斗栱图

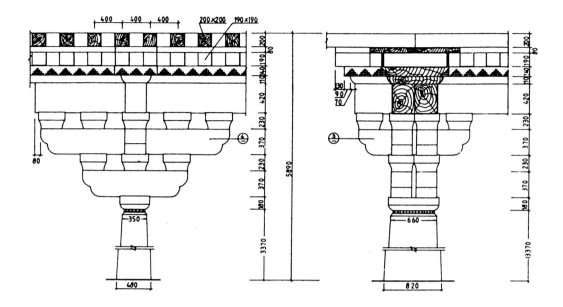

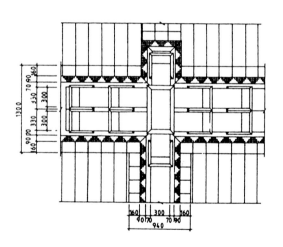

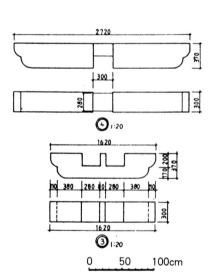

图4-34 红宫五世达赖喇嘛灵塔殿上层梁架斗栱图

0　　50　　100cm

林芝喇嘛岭寺斗栱

桑耶寺乌孜大殿三层檐廊斗栱

昌都茶杰玛大殿斗栱

阿里古格王宫古殿斗栱

三、雀替

藏式传统建筑的雀替与内地雀替在功能作用上相同，但与柱的连接方式和装饰手法有很大差别。藏式传统建筑构件上下之间用暗销连接，在矩形的梁架中，暗销既可以防止矩形框架的变形，又可以加强水平构件的连接力，减少剪应力，同时使其在同一净跨内承受更大的荷载。图4-35为藏式传统建筑雀替变化示意图。图4-36～图4-42为拉萨地区有代表性的雀替形式，图4-43～图4-64为日喀则、山南、林芝、昌都、阿里等地有代表性的雀替形式。

阿里地区一传统雀替

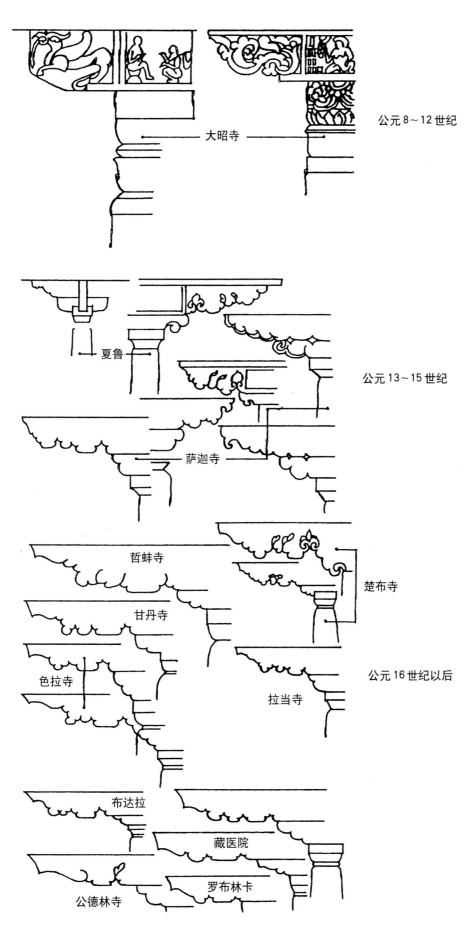

公元8～12世纪

大昭寺

公元13～15世纪

夏鲁

萨迦寺

哲蚌寺

楚布寺

甘丹寺

色拉寺

公元16世纪以后

拉当寺

布达拉

藏医院

罗布林卡

公德林寺

图4-35　藏式雀替变化示意图

第四章　建筑结构

（一）拉萨地区

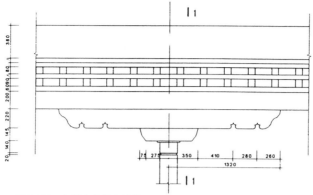

图 4-36 大昭寺雀替立面图

拉萨哲蚌寺雀替

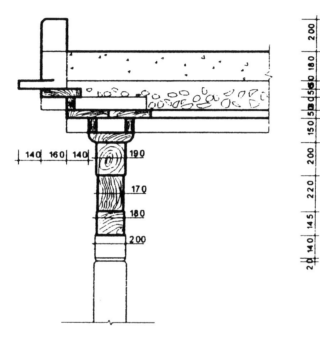

图 4-37 大昭寺雀替剖面图

拉萨大昭寺雀替

拉萨大昭寺梁柱

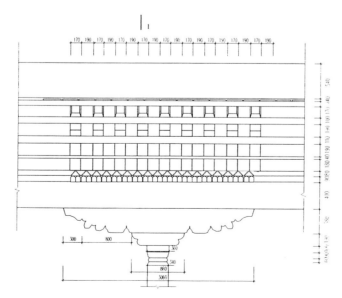

图 4-38 大昭寺千佛雀替图

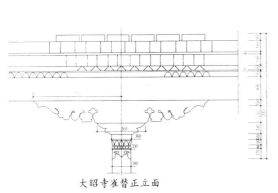

大昭寺雀替正立面

图4-39 拉萨大昭寺雀替大样图

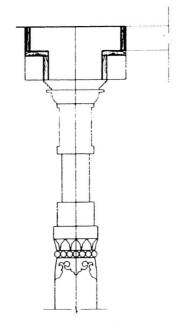

图4-40 拉萨大昭寺雀替大样剖面图

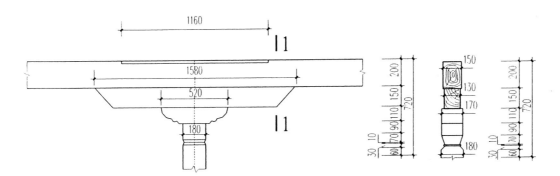

图4-41 罗布林卡噶厦雀替大样图

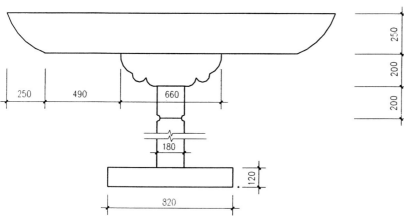

图4-42 红宫西有寂圆满大殿雀替

（二）日喀则地区

日喀则夏鲁寺雀替

日喀则夏鲁寺雀替

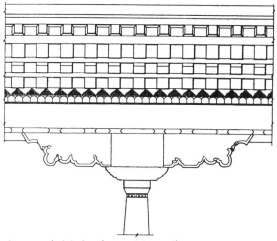
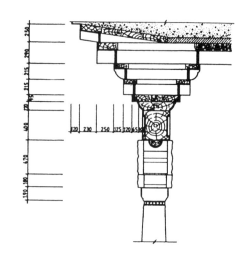

图4-43 布达拉宫西有寂圆满大殿雀替

（三）山南地区

山南敏珠林寺雀替

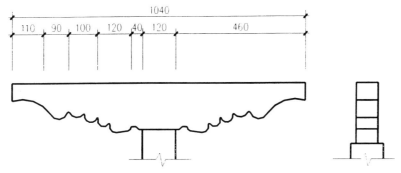

图4-44 山南夏鲁寺雀替

（四）林芝地区

林芝民居雀替

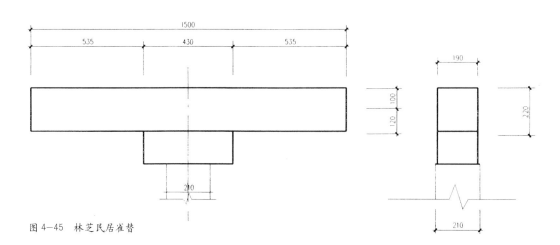

图 4-45　林芝民居雀替

（五）昌都地区

昌都民居雀替

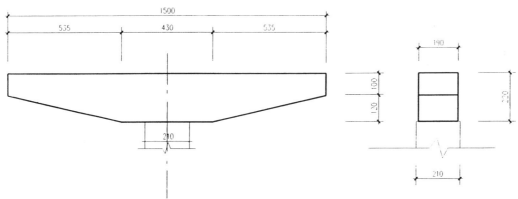

图4-46　阿里普兰县民居雀替

（六）阿里地区

阿里古格王国宫殿雀替

阿里古格王国宫殿雀替

第四章 建筑结构

阿里古格王国宫殿雀替

阿里古格王国宫殿雀替

阿里古格王国宫殿雀替

阿里仑珠曲顶寺雀替

阿里托林寺雀替

阿里托林寺雀替

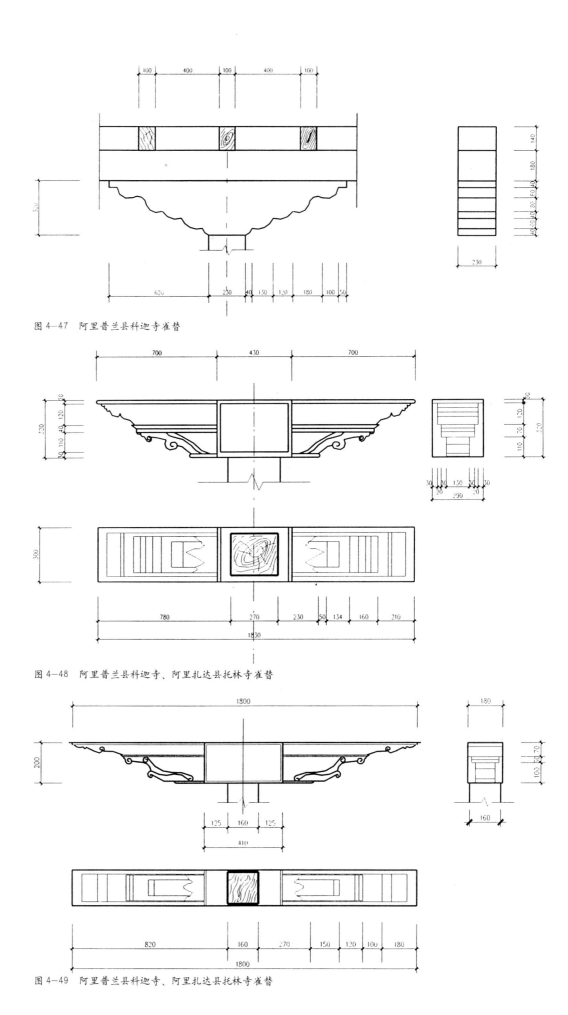

图4-47　阿里普兰县科迦寺雀替

图4-48　阿里普兰县科迦寺、阿里扎达县托林寺雀替

图4-49　阿里普兰县科迦寺、阿里扎达县托林寺雀替

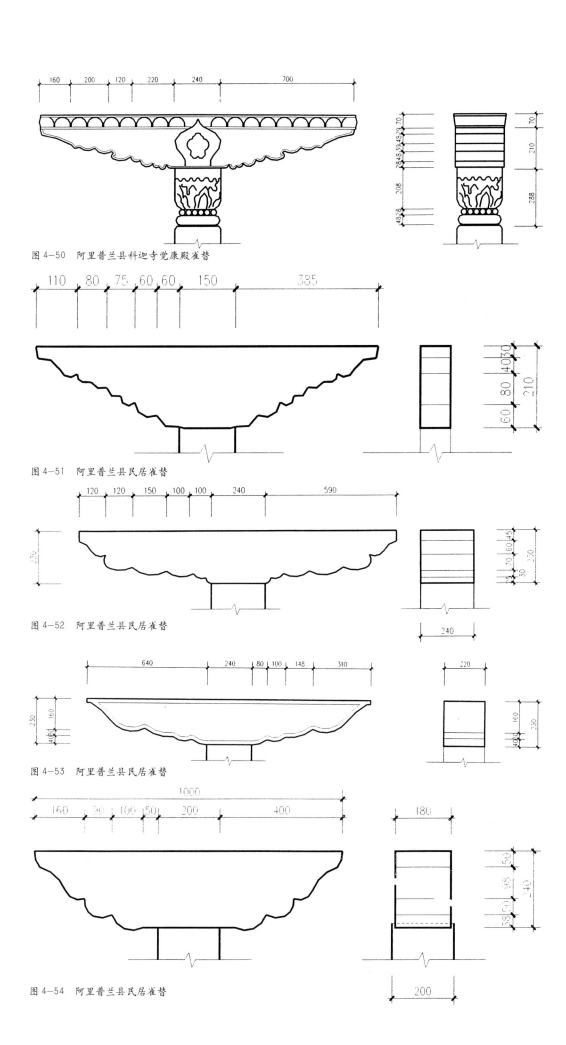

图 4-50 阿里普兰县科迦寺觉康殿雀替

图 4-51 阿里普兰县民居雀替

图 4-52 阿里普兰县民居雀替

图 4-53 阿里普兰县民居雀替

图 4-54 阿里普兰县民居雀替

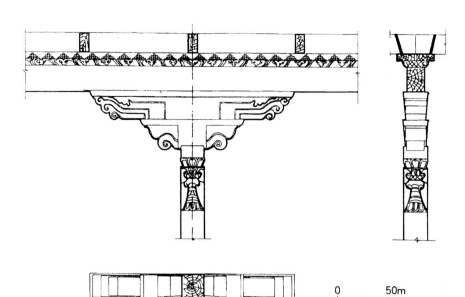

0　　　50m

图4-55　托林寺殿堂双层雀替仰视图、立面图、剖面图

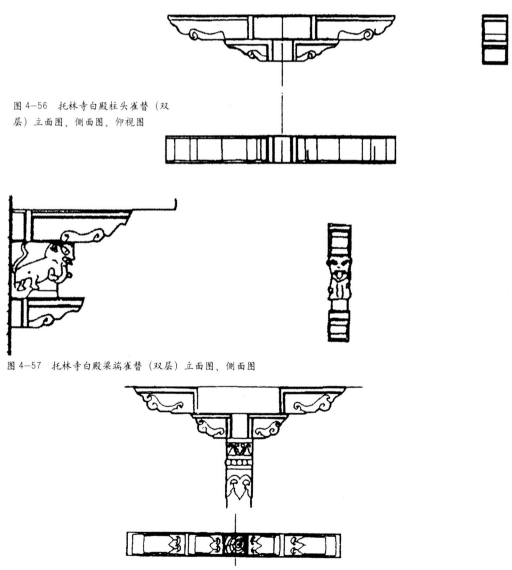

图4-56　托林寺白殿柱头雀替（双层）立面图、侧面图、仰视图

图4-57　托林寺白殿梁端雀替（双层）立面图、侧面图

图4-58　托林寺红殿柱头雀替（双层）立面图、仰视图

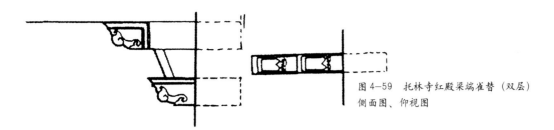

图4-59 托林寺红殿梁端雀替（双层）
侧面图、仰视图

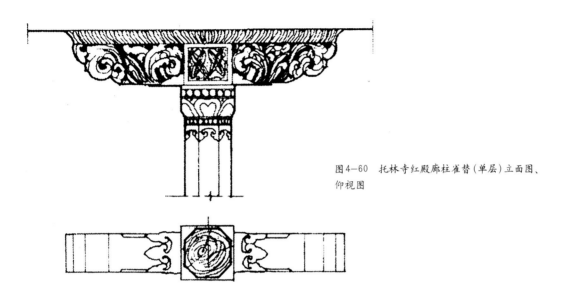

图4-60 托林寺红殿廊柱雀替（单层）立面图、
仰视图

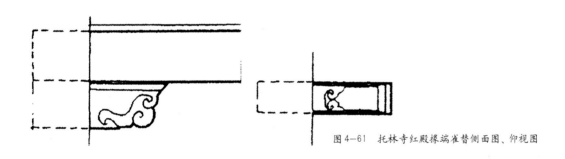

图4-61 托林寺红殿橡端雀替侧面图、仰视图

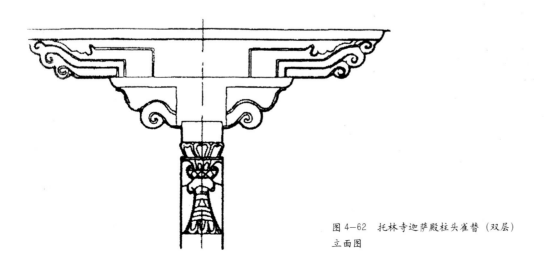

图4-62 托林寺迦萨殿柱头雀替（双层）
立面图

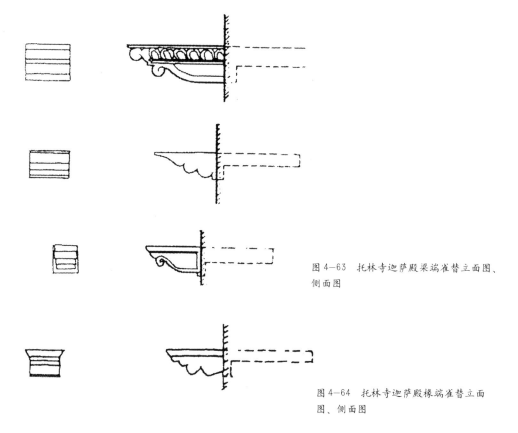

图4-63 托林寺迦萨殿梁端雀替立面图、侧面图

图4-64 托林寺迦萨殿橼端雀替立面图、侧面图

阿里托林寺雀替

四、柱

按照使用材料的不同，西藏传统建筑柱的类型主要分为石柱和木柱。石柱有整块条石和块石砌筑两种。木柱主要有圆形、方形、瓜楞柱和多边形（包括八角形、十二角形、十六角形、二十角形等）。

（一）石柱

石柱有整块条石(图4-65)及块石砌筑(图4-66)两种

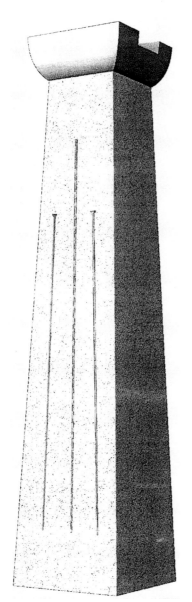

图4-65　整石石柱

图4-66　毛石砌筑石柱

（二）木柱

1、方柱

木柱有圆柱、方柱、多角柱、瓜楞柱、卯接柱等多种形式(图4-67～图4-75)。

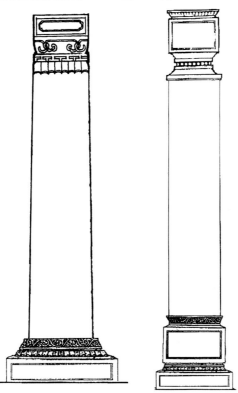

图4-67 几种方柱形式

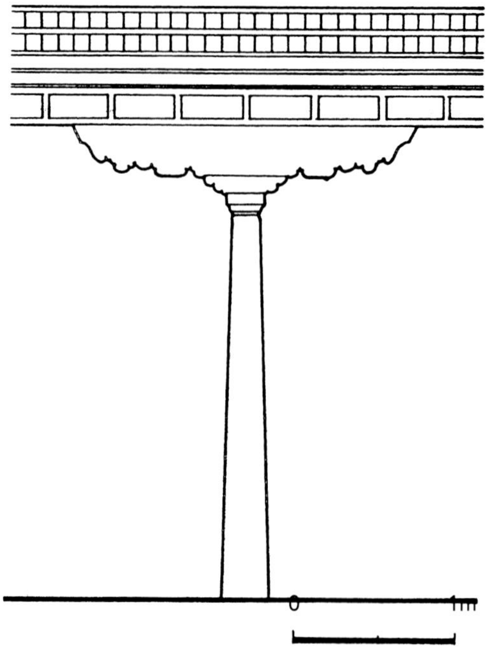

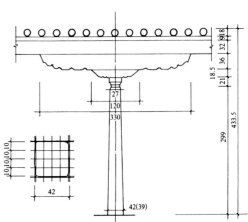

图4-69 布达拉宫红宫幸福旋内柱

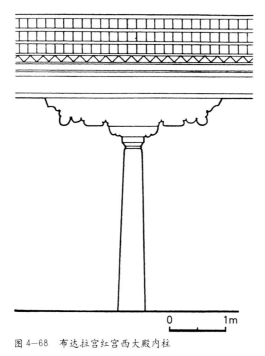

图4-68 布达拉宫红宫西大殿内柱

图4-70 不同形式的柱之一

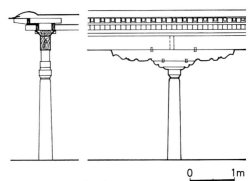

图4-71 不同形式的柱之二

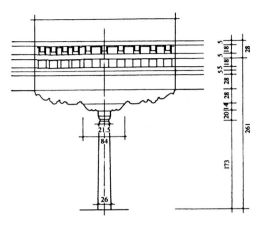

图 4-72　不同形式的柱之三（红宫廊柱）

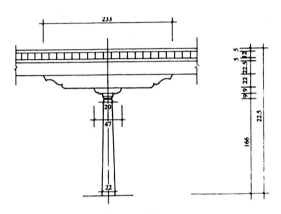

图 4-73　布达拉宫德阳夏柱廊柱式

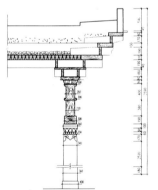

图 4-74　大昭寺千佛廊柱剖面图

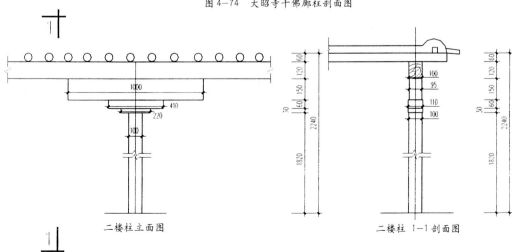

二楼柱立面图　　　　　　　　二楼柱 1-1 剖面图

图 4-75　拉萨边孜苏尔民居柱式

第四章　建筑结构

2、多角柱(图4-76～图4-78)

哲蚌寺十六角柱廊

二十角柱示意图

图 4-76 十二角柱示意图

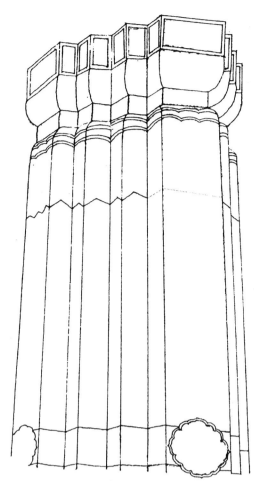

图 4-77 十六角柱示意图

布达拉宫白宫十六角柱局部

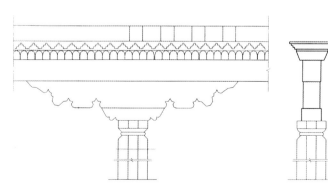

图 4-78 木如寺门厅梁柱示意图

3、瓜楞柱(图 4-79)

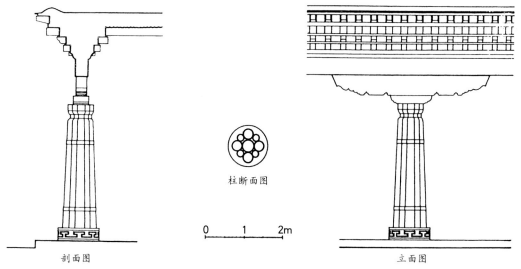

剖面图

柱断面图

0 1 2m

立面图

图 4-79 方城南宫门背面廊柱

4、形式变化的柱(图 4-80)

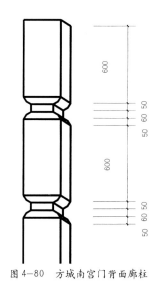

图 4-80 方城南宫门背面廊柱

5、卯接的柱(图 4-81)

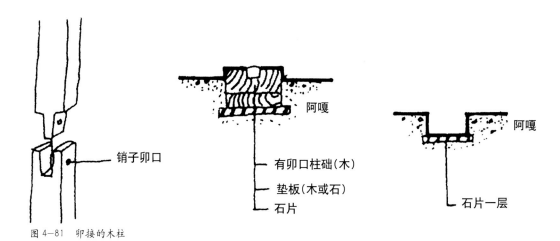

销子卯口

阿嘎

有卯口柱础(木)

垫板(木或石)

石片

阿嘎

石片一层

图 4-81 卯接的木柱

五、不同形式的柱的断面(图4-82～图4-88)

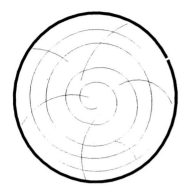

图4-82　圆柱断面示意图

图4-83　方柱断面示意图

图4-86　十六角柱平面示意图

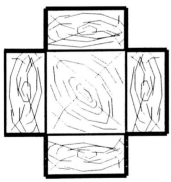

图4-84　八角柱平面示意图

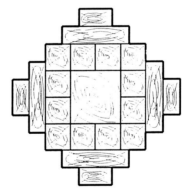

图4-87　二十角方柱平面示意图

图4-85　十二角方柱平面示意图

图4-88　瓜楞柱平面示意图

第四章　建筑结构

罗布林卡头柱

哲蚌寺柱头

丹杰林内景

第三节 梯

藏式传统建筑梯子主要有石梯和木构楼梯两种类型。梯子的坡度一般都比较大。室内木梯有木杆扶手,室外石梯很少做栏杆,多用石墙或土墙围护。简朴、粗犷是其基本特点。

一、石梯

石梯主要用于室外,宽度1~5m不等,最宽的可以达到10m(例如:布达拉宫的沿山石阶)。建筑物在山势比较陡峭的地方,每五阶左右有一休息平台。坡度更大的地方,则每两阶便有一休息平台。这些石梯和平台多采用基础墙的做法,石阶下为墙体,墙体之间密铺原木,上铺块石为平台,因此平台下是空洞。在石梯道路的围墙外壁上有的地方还留有小通风口。一般民居建筑中,石体做法与汉式建筑的石梯相差不大,只是挡板用土坯或毛石砌成,以黄土作为砌浆。当建筑物依山而建时,就地取材且砌筑方便,经久耐用不易损坏(图4-89~图4-93)。

色拉寺的室外两侧石梯

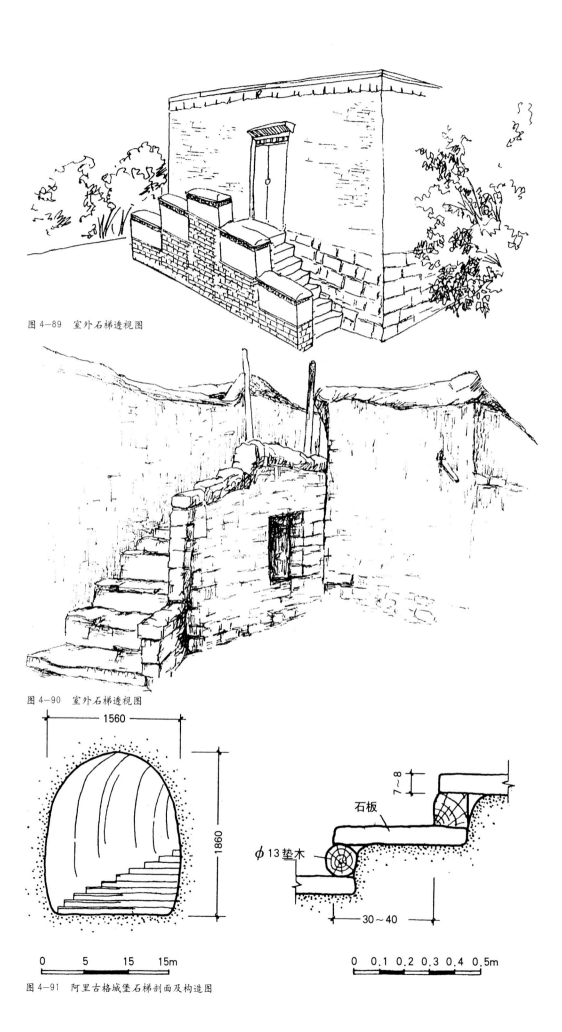

图 4-89 室外石梯透视图

图 4-90 室外石梯透视图

图 4-91 阿里古格城堡石梯剖面及构造图

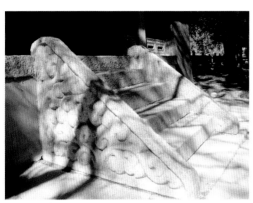

罗布的石梯

色拉寺的室外台阶

图4-92 室外石梯透视图

图4-93 室外石梯透视图

二、木构楼梯

　　木构楼梯有单跑、两并和三并等形式。木梯做法多是在梯帮侧部开槽榫，然后插置木踏板。踏步木板上包贴铁皮，使其经久耐磨。有的踏步板上还有档板。木梯帮上安扶手，由于楼梯一般坡度较大，因此扶手不从底端做起，扶手与梯帮的距离下部较小，上部较大，伸出踏步较多，不

与梯帮平行。扶手端头用铜皮裹，并做成莲头形状。木构楼梯重量轻，制作简单，装饰性强，形式多样，而且经过处理后经久耐磨。一般用在建筑内部，解决建筑内部高差大且狭窄的问题(图4-94～图4-103)。

色拉寺的单排梯

色拉寺的双排梯

布达拉宫双排梯

色拉寺的双侧木梯

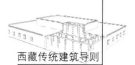
西藏传统建筑木梯基本形式:

图 4—94 单排木梯透视图

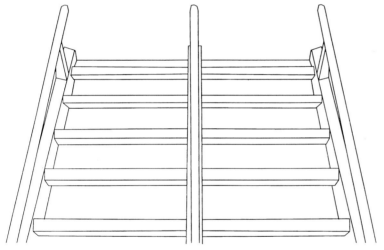

图 4—95 二排木梯透视图

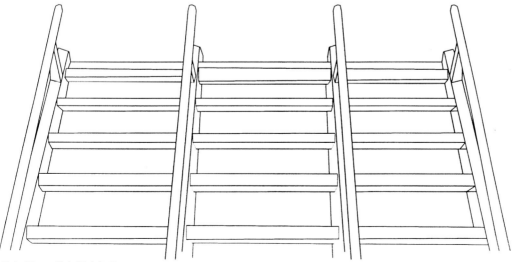

图 4—96 三排木梯透视图

布达拉宫白宫入口木梯

图4—97 布达拉宫白宫入口三排木构楼梯

图4—98 小木梯结构图

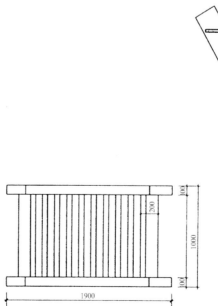

图4—99 萨迦寺南敌楼楼梯

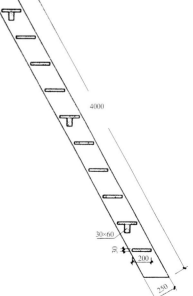

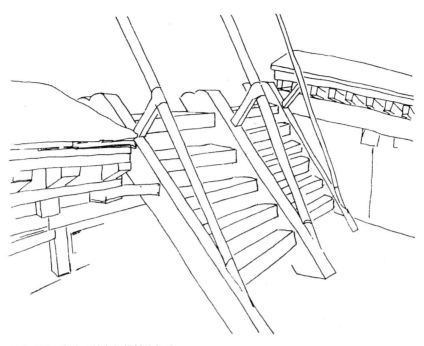

图 4-100 室外二排木构楼梯透视图

图 4-101 室内木梯透视图

色拉寺木梯

色拉寺木梯

色拉寺木梯

色拉寺木梯

色拉寺木梯

色拉寺木梯

色拉寺石木梯

图 4-102　室外三排木梯透视图

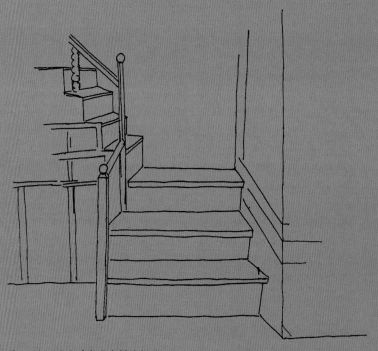

图 4-103　色拉寺转弯木梯透视图

第四章
建筑结构

三、其他楼梯

（一）绳梯

　　主要用于通向储存物资或关押犯人地下室，
方便收取（图4-104）。

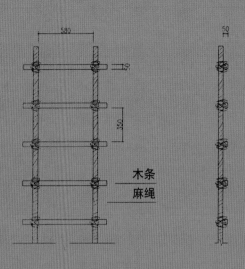
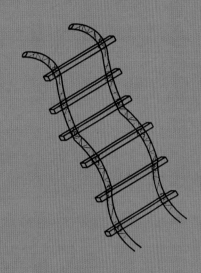

图4-104　布达拉宫绳梯

（二）石木梯

　　石木梯的扶手用木料加工制作而成，并预留
石板插槽，将石板踏步安放其中（图4-105）。

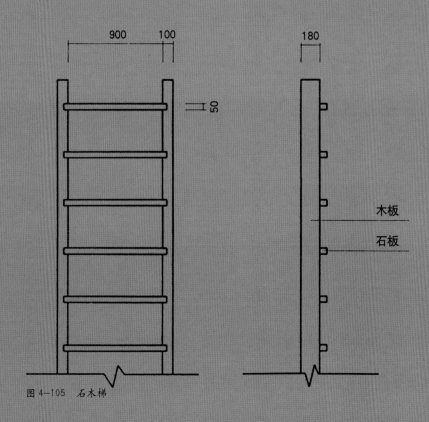

图4-105　石木梯

第四章　建筑结构

（三）独木梯

独木梯主要用于盛产木材的藏东南地区，做法是：在木料上开凿梯踏步，直接搭建于楼层与底层之间（图4-106~图4-107）。

昌都民居独木梯

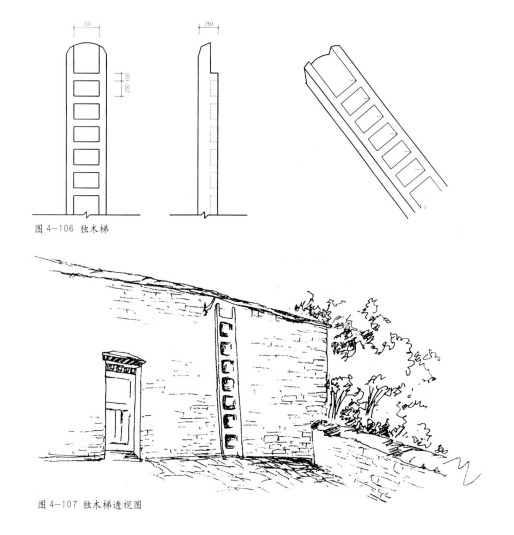

图 4-106 独木梯

图 4-107 独木梯透视图

第四节 廊

廊是连接室内空间和室外空间的过渡空间，是连接各个房间的通道。廊同时可以起到户外活动平台的作用，还可用于人们沐浴阳光、遮风避雨及堆砌物品。藏式传统建筑的廊主要有内廊和外廊。按照廊所处部位的不同，又可以分为檐廊、门廊和窗廊。廊一般都是木质结构。

在建筑物的底层，廊通过廊柱形式体现，底层外部廊与建筑物的内院联系，中间没有明确分界。在内院式的藏式建筑群楼中，天井的四周每层都建有外廊，能互相形成通连的"走马廊"。走廊外立栏杆，藏语称"众角儿"。

藏式传统建筑的内廊宽度多为1～2m不等，主要依托于外侧廊柱，内侧木构架与墙体相连。廊柱、栏杆、扶手等内廊构件之间以及外廊构件与主体建筑的木构件之间通过榫卯方式多以暗销连接，遵循了藏式传统建筑的通常做法。廊柱多斫成所谓金刚橛状，即将柱身斫成断面形制不同的三段：下段断面方形，中段断面八角，上段断面自下向上叠置块饰。廊道多铺设木板，厚度5～10cm之间（图4-108～图4-113）。

贡桑院回廊

布达拉宫外廊

第四章 建筑结构

一、檐廊

夏鲁寺外廊

拉萨尧喜达外廊

拉萨贡桑则宅院回廊

大昭寺平佛廊

拉萨色拉寺廊

内廊

拉萨色拉寺廊

色拉寺内廊

查杰玛大殿外廊

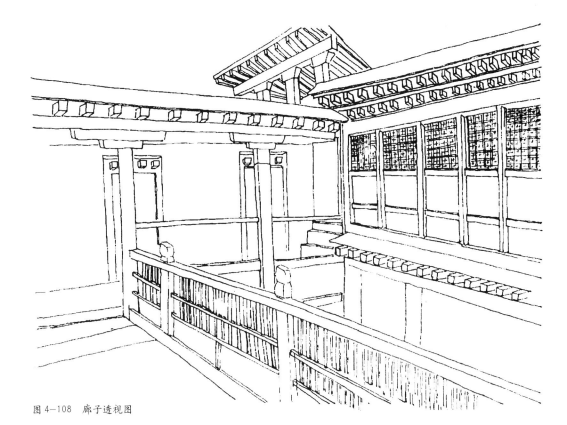

图 4-108　廊子透视图

图 4-109　廊子透视图

图 4-110 廊子室内透视图

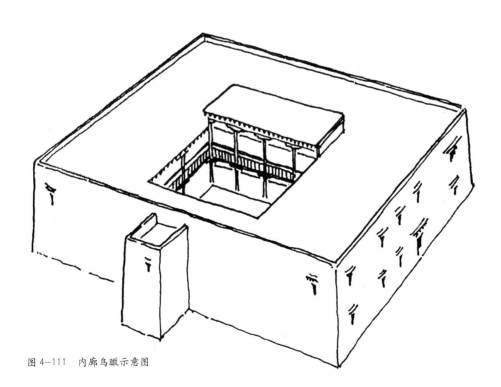

图 4-111 内廊鸟瞰示意图

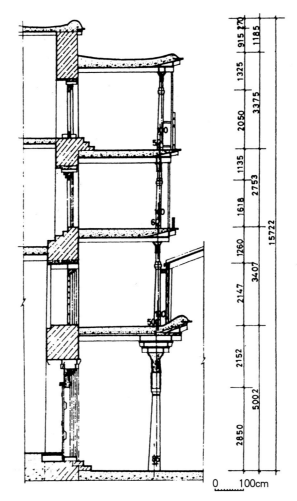

图 4-112　廊子剖面示意图

图 4-113　廊子鸟瞰示意图

二、门廊

西藏传统建筑中的宫殿、寺院等重要建筑的门厅常设石或木栏形成门廊，一般为二柱开间。门廊可作为僧俗进入佛堂脱去鞋、帽的地方，也是主人迎送客人的地方（图4-114～图4-115）。

拉萨罗布林卡门廊

拉萨罗布林卡门廊

曲得贡寺门廊

林芝地区措高湖湖心岛门廊

林芝地区寺院门廊

阿里古格王国红殿门廊

图4-114 门廊透视示意图

图4-115 门廊透视示意图

第四章 建筑结构

三、窗廊

主要用于宫殿和贵族庄园建筑，可以遮风避雨，摆放花卉，在西藏传统建筑有着良好的装饰效果（图4-116，图4-117）。

山南曲德贡寺窗廊

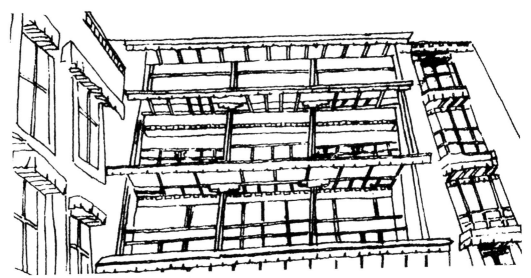

图4-116　窗廊透视示意图

图4-117　窗廊透视示意图

四、马厩檐廊

马厩是一种檐廊的做法,用外廊把院落围合起来,并不依附于马厩的主要建筑(图4-118,图4-119)。

图 4-118 外观马厩之一

图 4-119 外观马厩之二

第五节 屋面

藏式传统建筑的屋面按照形式分，主要有：平顶屋面、歇山屋面。按照使用材料的不同划分，主要有：阿嘎土屋面、石板屋面、木板屋面、镏金铜皮屋面、芭蕉屋面等。

一、平顶屋面

平顶屋面的结构一般分3层做法。第一层是承重层，根据房屋等级的不同在椽子上铺设不同的材料，房屋等级高的密铺整齐的小木条；房屋等级次一点铺设木板；房屋等级最次等的铺设修整过的树枝。第二层是阿嘎土层，做法是：在铺设于椽子的材料上铺0.1m左右的小卵石和粘土，密实后作为垫层，其上铺设阿嘎土，厚度在0.1~0.2m之间，屋顶在垫层上找坡作泛水。第三层是面层，制

作面层的阿嘎土有一定粘结性，但其抗渗性能主要靠夯打密实和浸油磨光。面层的做法是，先在垫层上铺0.05~0.1m厚的粗阿嘎土，人工踩实夯打。夯打过程中，要不断泼水，使之充分吸收水分。夯至表面起浆后，薄薄地铺上一层细阿嘎土，再继续洒水夯打。对阿嘎土面层的质量要求越高，打制的时间越长。一般面层的打制时间为7天左右。面层密实后要将泛起的细浆除净，然后涂上榆树皮胶，用卵石打磨。最后，再涂菜籽油2~7次，使油渗透阿嘎土面层。

平顶屋面也有采用黄土铺设的，基本做法与铺设阿嘎土的屋面做法相类似。寺院、宫殿、庄园等建筑多采用阿嘎土的平顶屋面，一般民居、寺院的普通僧居则主要采用黄土平顶屋面（图4-120~图4-121）。

色拉寺阿嘎土屋面

阿里民居阿嘎土屋面

布达拉宫下角方城屋顶

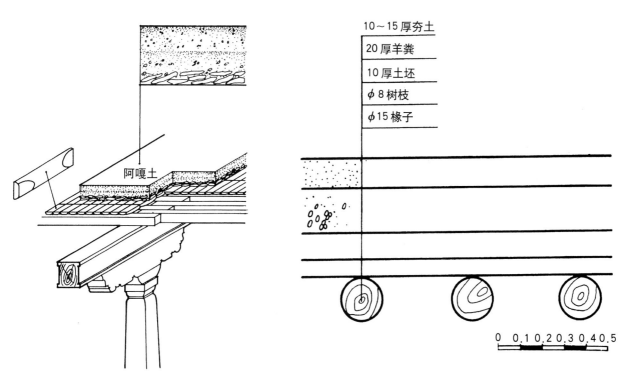

阿嘎土

10~15厚夯土

20厚羊粪

10厚土坯

ϕ8树枝

ϕ15椽子

0 0.1 0.2 0.3 0.4 0.5

图4-120 平顶屋面构造图　　　　　　图4-121 其他平顶屋面的做法

二、歇山屋面

歇山屋面的材料主要是木板和镏金铜皮。用木板时，其做法同内地汉式建筑的屋面相差不大。与汉式建筑不同的是，藏式建筑的歇山屋面是在首先做好的平顶层基础上再搭配好歇山屋架，然后才铺设木板。

歇山屋顶的屋架有三檩和五檩两种。三檩屋架的做法是，由歇山山花两端的人字斜梁、三架梁与脊檩、檐檩端部组成三角形屋架，中间的三架梁与脊檩之间用斜枋联系。三檩屋架在脑椽与檐椽交接处，有明显的折线，这是因为两檩的举架比例不同。五檩屋架做法是，在斗栱上搁五架梁，梁上立童柱三根，分别支撑脊檩和金檩。童柱两边都有人字支撑，五架梁与脊梁之间还有纵向联系的斜枋支撑。五檩屋架各檩间举架比例接近，屋面坡度曲线较三檩平滑。歇山屋顶的屋角飞檐做法完全仿照汉式，逐渐抬高屋角椽子的高度使之与角梁平，形成微微向上的飞檐曲线。

在藏式的歇山屋顶中主要以金顶为主。其金顶平面分六角和长方形两种，金顶的位置与灵塔殿或主殿上下相应。其做法是，先在屋顶地面上铺一道与金顶平面吻合的地梁，上面架设立柱、额枋、斗栱、梁架。屋顶内的高度甚低，从底部基层到梁架下皮一般仅有1.6m左右。梁架形式做法较为简单，没有固定统一的做法。由于屋顶自重较轻，梁架用料尺寸也比较小。屋顶构架为木梁柱，柱高1m左右。屋顶构架也有采用井干式做法的，即用矩形木枋，层层累叠，构成金顶的基座。柱或基座上承斗栱，出挑飞檐。斗栱基本仿照清代斗栱形式，但构造做法已地方化，十分繁琐华丽，斗栱后尾为枋木，一般不装饰加工。构架最终形成歇山顶，上面铺设镏金铜皮，起防雨水及装饰作用（图4-122～图4-137）。

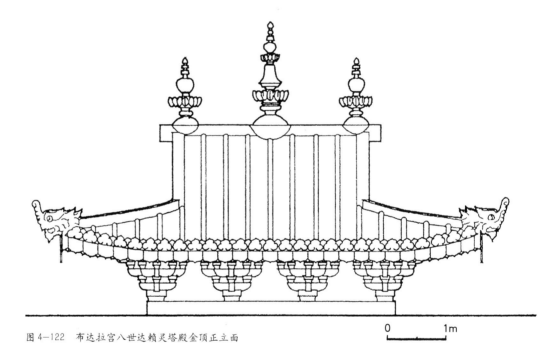

图4-122 布达拉宫八世达赖灵塔殿金顶正立面

0   1m

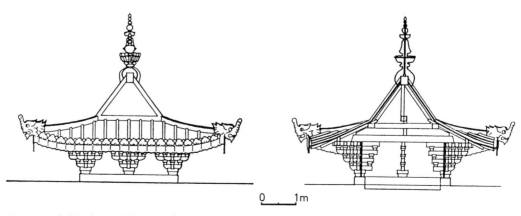

0   1m

图4-123 布达拉宫八世达赖灵塔殿金顶侧立面、横剖面

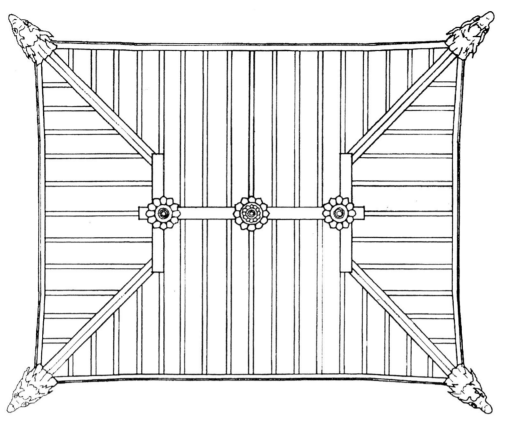

图4-124 布达拉宫八世达赖喇嘛灵塔殿金顶俯视

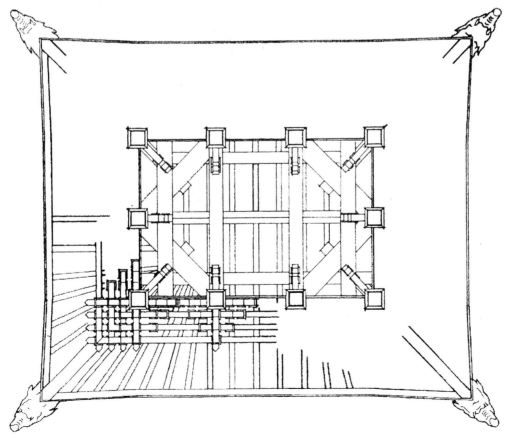

图4-125 布达拉宫八世达赖喇嘛灵塔殿金顶仰视

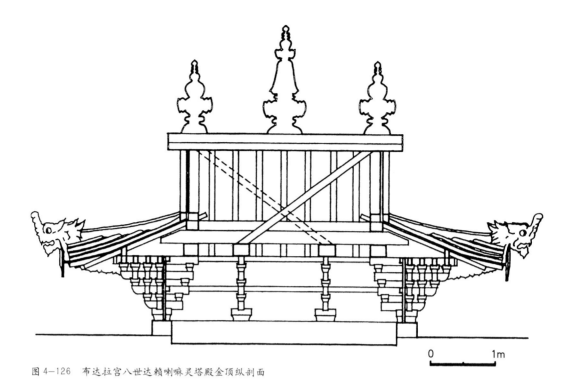

0　　　　1m

图 4-126　布达拉宫八世达赖喇嘛灵塔殿金顶纵剖面

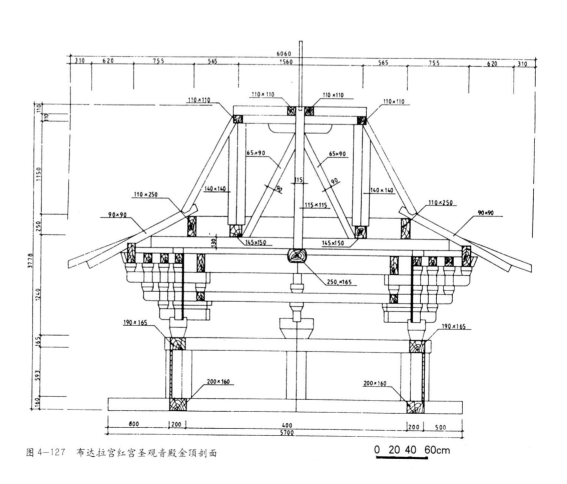

图 4-127　布达拉宫红宫圣观音殿金顶剖面

0　20 40　60cm

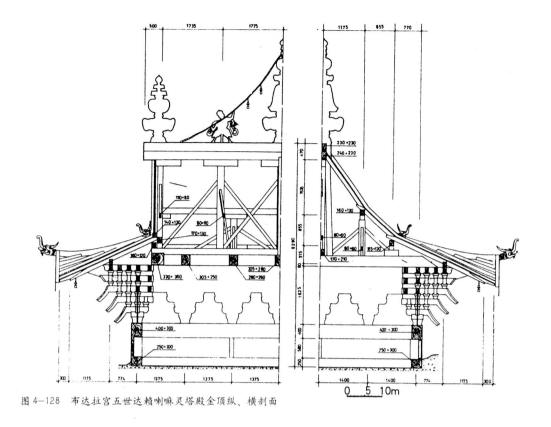

图4-128 布达拉宫五世达赖喇嘛灵塔殿金顶纵、横剖面

0 5m

图4-129 布达拉宫五世达赖喇嘛灵塔殿室内立面

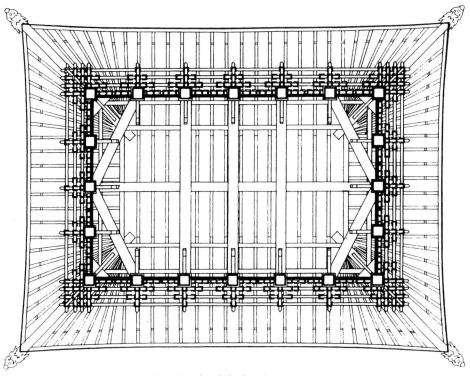

图 4-130　布达拉宫十三世达赖喇嘛灵塔殿金顶仰视平面图

图 4-131　布达拉宫十三世达赖喇嘛灵塔殿金顶立面

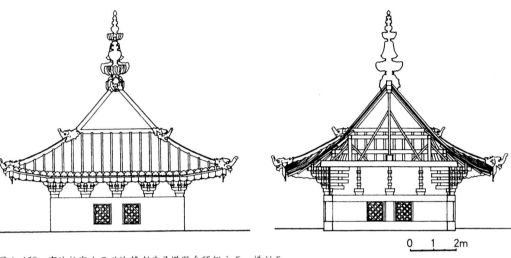

图 4-132　布达拉宫十三世达赖喇嘛灵塔殿金顶侧立面、横剖面

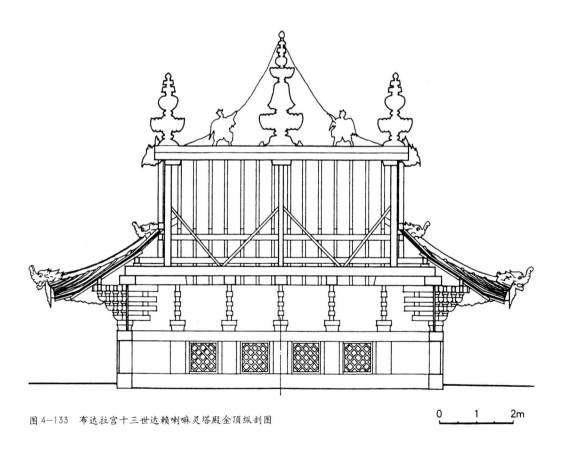

图 4-133　布达拉宫十三世达赖喇嘛灵塔殿金顶纵剖图

图 4-134　布达拉宫妙善如意殿（十三世达赖喇嘛灵塔殿金顶）

0　　　　　3m

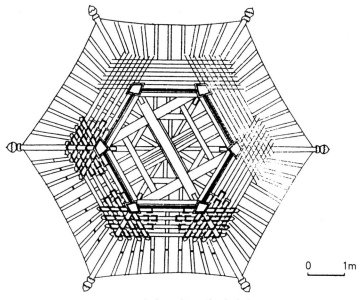

图4-135 六角金顶（超凡佛殿）仰视

图4-136 六角金顶（超凡佛殿）立面

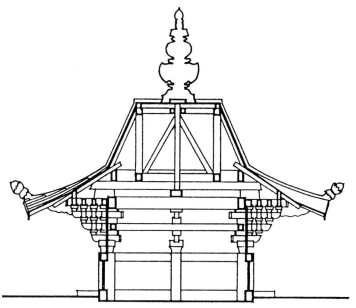

图4-137 布达拉宫六角金顶（超凡佛殿）剖面

三、其他屋顶

石板屋顶、木板屋顶和芭蕉屋顶等三种形式主要分布于藏东及三江流域。石板、木板屋顶的做法与汉式建筑盖瓦屋顶做法相似，芭蕉屋顶是一种用芭蕉树叶等材料建成的遮风挡雨的屋顶形式。

林芝木板屋面

林芝木板屋面

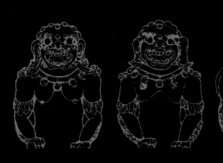

5

第五章 建筑装饰

在漫长的历史长河中，居住在"世界屋脊"的西藏族人民创造了众多的辉煌的建筑和灿烂的建筑文化。在传统藏式建筑风格基础上吸纳了汉族、印度、尼泊尔等地区和国家建筑特点，推动了技术的进步，促进了本民族建筑事业的发展。

藏式传统建筑装饰主要反映在宫殿、庄园、民居、寺院等建筑的门窗、梁、托、柱、屋顶、墙体等部位。

门窗装饰包含门楣、门框、门扇、窗楣、窗框、窗扇等部分，装饰手法主要有雕刻、彩绘等。宫殿及寺院大门上部装饰门楣，最多为9层。门框最多为7层，层层雕刻各种图案。图案主要为莲花花瓣、堆经、连珠纹、菩萨、天神、十方佛、飞天乐伎、人物、树木、山石、动物、神龛、花饰、水波纹、金刚杵纹等。门扇主要用铜雕半球形门环座、门箍或用彩绘等手段加以装饰。

梁、托、柱装饰在宫殿、寺院殿堂中处于突出位置，这些部位的装饰在藏式传统建筑装饰中至关重要，用以达到庄严、堂皇、精美、华丽的效果。装饰手段主要有木雕、铜雕、彩绘等。图案为梵文、经文或各种花卉、鸟兽、佛像等。民居的梁、托、柱多半是彩绘，很少使用木雕装饰。

屋顶装饰主要为女儿墙及金顶等，主要装饰物为边玛草、经幢、五色经幡、宝瓶、祥麟法轮等。金顶作为重要建筑物的屋顶装饰，其特点是铜皮镏金、四角用鳌头装饰，阳光之下金碧辉煌。

藏式传统建筑墙体装饰特点为：

1. 墙体多为土墙、毛石、块石墙，墙体本身具有质感美；

2. 外墙多涂以白、黄、红等颜色，色彩明快，内墙多绘制以历史故事、人物传说、宗教题材等为主的壁画；

3. 庄园、寺院等重要建筑外墙还装饰有铜雕、木雕、石刻等，图案大多为护法神、法轮、佛塔、吉祥图等。

藏式建筑的门饰

第一节 门、窗装饰

一、门饰

图5-1为科迦寺百柱殿门饰。藏式传统建筑中对门的装饰十分讲究。门的装饰主要包括：门框、门楣、门扇等。门框的木构件多则6～7层，雕刻的图案有莲花花瓣、堆经、动物、人物等。门洞两侧做黑色门套装饰。门楣大多用木雕、彩绘等手段加以装饰，门楣间隔方木里运用四季花、动物面部图案，也有挂门楣帘装饰，每年藏历新年门楣帘要弃旧换新。门扇大多为双扇，也有四扇和六扇。门扇主要装饰为门环、门扣、门箍等

镏金铜饰，也有木雕、彩绘。图案形式为护法神、人皮、日月、风马旗等。以下介绍若干藏式传统建筑的门饰。

大门上部的装饰共分9层，大门门框侧面的装饰共分7层。主要装饰图案有：浮雕狮面、连珠纹、菩萨、天神、十方佛、飞天乐伎、人物、树木、山石、动物、神龛、花饰、水波纹、金刚杵纹等，其风格模仿了印度和尼泊尔的佛教建筑装饰风格。

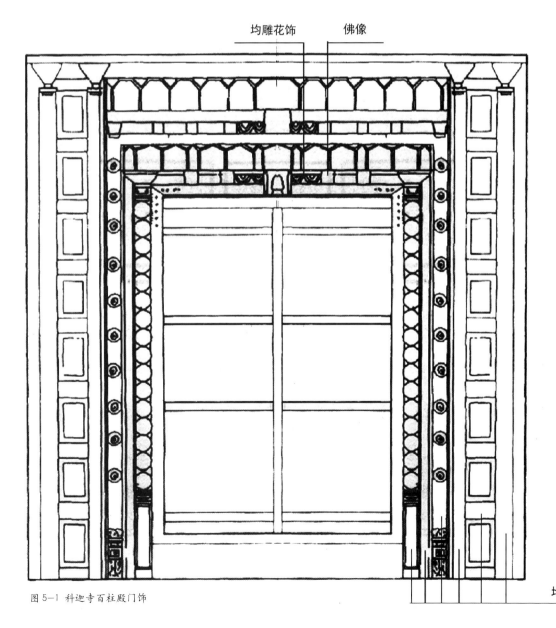

均雕花饰　　佛像

均雕花饰

图5-1 科迦寺百柱殿门饰

图5-2为布达拉宫白宫日光殿四扇门的装饰。门过梁上的装饰框为木雕、彩绘，图案内容有梵文装饰；门框雕刻的图案有星星、莲花花瓣、堆经等。

门框装饰

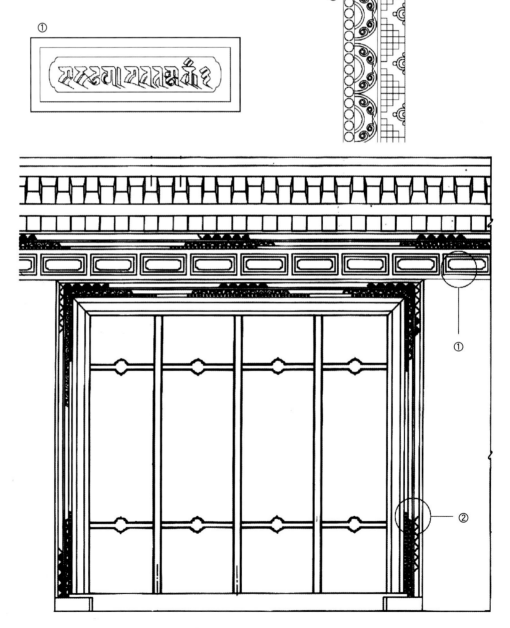

图5-2　布达拉宫白宫日光殿四扇门门饰

图5-3为布达拉宫白宫圆满汇集道大门。主
要雕刻图案有：山石、动物、花饰等。门楣间隔
方木上装饰了7个木雕狮子像。

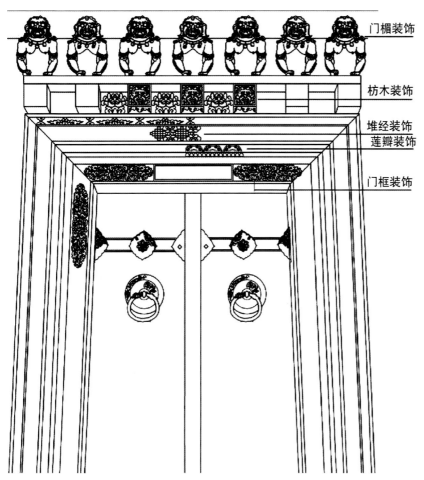

门楣装饰

枋木装饰

堆经装饰
莲瓣装饰

门框装饰

图5-3　布达拉宫白宫圆满汇集道大门门饰

第五章

建筑装饰

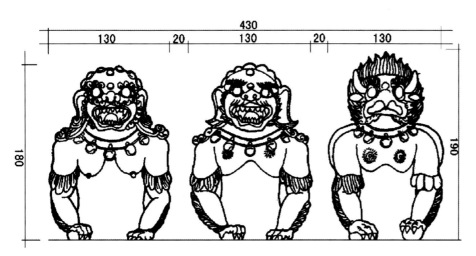

图5-4　红宫五世达赖喇嘛灵塔殿门楣狮子、大鹏木雕装饰图

门饰

藏式宫殿建筑门饰

藏式建筑门饰

藏式建筑门饰

第五章 建筑装饰

藏式建筑门饰

藏式建筑门饰

藏式建筑门饰

藏式建筑门饰

藏式建筑门饰

　　布达拉宫红宫九世达赖喇嘛灵塔殿门楣上饰有狮子及大鹏门扇上装饰有门环、门箍。门环主要有龙头、狗鼻纹等图案；门箍雕刻图案有八吉祥图、七政宝、花纹等(图5-4,图5-5)。

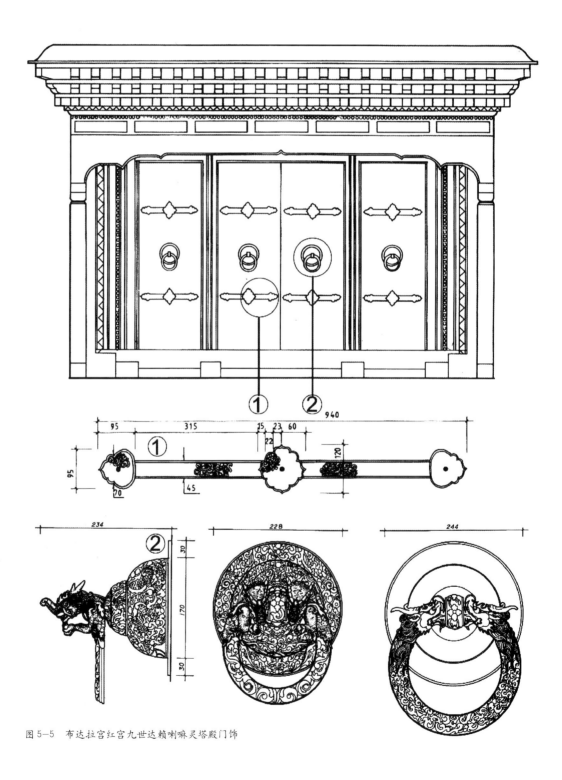

图5-5　布达拉宫红宫九世达赖喇嘛灵塔殿门饰

布达拉宫白宫东日光殿外门门楣隔离方木内
装饰图案用五妙欲、宝石等彩绘来装点。门框侧
面雕饰共分7层，图案为莲花花瓣、堆经、狗鼻
纹、鸟兽、几何图案等。门过梁处为彩绘、梵语
装饰(图5-6)。

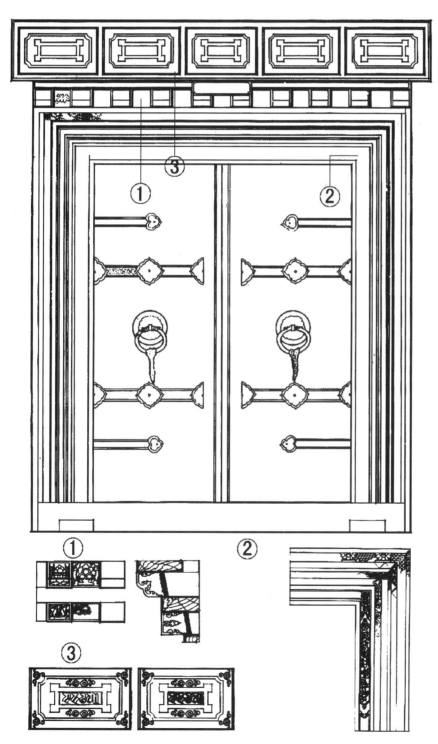

图5-6　布达拉宫白宫日光殿门饰

　　布达拉宫白宫东大门门楣隔离方木上装饰了7个木雕动物像，中间为木雕大鹏，其余为狮子。门楣上下两个方木内各雕有莲花花纹及动物头像（图5-7）。

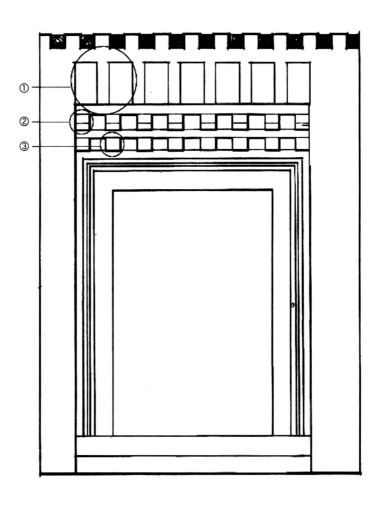

图5-7　布达拉宫白宫东大门门饰

布达拉宫白宫东大门为双扇门，门扇主色调为红色，装饰物为门环及门箍。门箍分长短两种，长门箍中间设三道，短门箍上下各两道，大门门扇衔接处设一道竖向门箍，门箍上用方形门钉与门扇连接（图5-8）。

图5-9布达拉宫白宫日光殿福地妙旋宫外门框分五层，第一层为日西，第二层为嘎玛，第三层为边玛，第四层为缺扎，第五层为科星。主要采用木雕装饰形式，并加以彩绘，木雕的图案主要有堆经、莲花等。

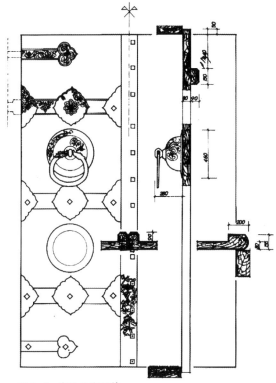

图5-8 布达拉宫门饰

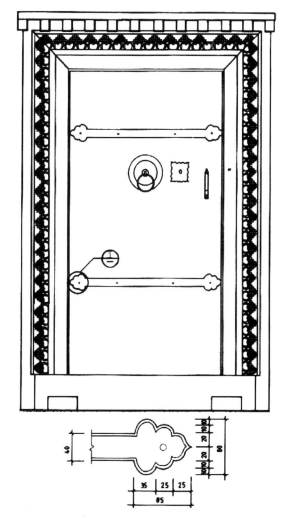

图5-9 白宫日光殿福地妙旋宫外门装饰

341

图5-10为热龙寺护法神殿门饰。护法神殿门扇、门框主色调为黑色，运用彩绘的手段来装饰该部位，图案主要有护法神的面部、人的生殖器官、人皮、骷髅等，具有辟邪、威慑的作用，仅限于寺院护法神殿使用。

图5-10　热龙寺护法神殿门饰

图5-11为哲蚌寺门环装饰。门环为铁质或铜质，高级门环有镂空做法，主要图案和造型有狮子头、龙头、半球形、狗鼻纹等，具有明亮高贵的装饰效果。

图5-12为贡桑则宅院大门装饰。门过梁主色调为蓝色，图案为莲花、法轮等彩绘，弓木色调为红色，雀替为绿色，图案为狗鼻纹雕刻装饰。

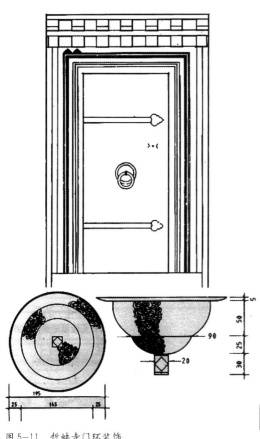

图 5-11　哲蚌寺门环装饰

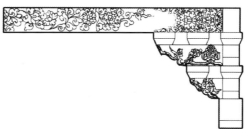

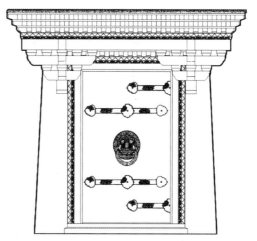

图 5-12　贡桑则宅院大门装饰

第五章　建筑装饰

第五章
建筑装饰

藏式建筑门饰

藏式建筑门饰

藏式建筑门饰

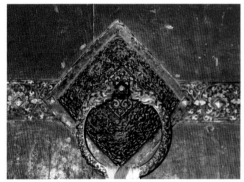

藏式建筑门饰——门环

大召寺内门铺手

藏式建筑门饰——门环

藏式建筑门饰

门饰

藏式建筑门饰

第五章 建筑装饰

图5-13～图5-16为四种民居的门饰。左上图门扇主色调为黑色，装饰为白色月亮、红色太阳的吉祥图案。右上图门扇悬挂风马旗装饰，寓意辟邪。左下图门楣上方放置牛头的装饰。右下图在门楣上方设一神龛，供奉玛尼石或佛像石雕。这四种形式有时也交叉使用。

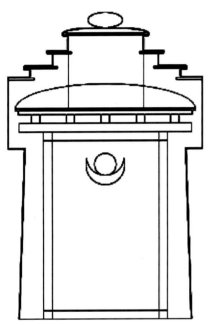

图5-13 定日县民居门饰

图5-14 山南民居门饰

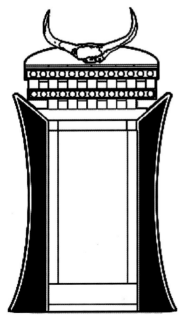

图5-15 普兰县民居门饰

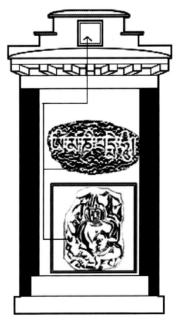

图5-16 拉萨郊区民居门饰

第五章 建筑装饰

彩绘门饰

彩绘装饰

门饰

彩绘门饰

二、窗饰

窗的主要装饰包括窗楣、窗帘、窗框、窗扇、窗套等。窗楣上主要装饰为两层短椽，上层短椽主色调为深红色，下层为绿色，绿色短椽面部作彩绘装饰，图案为花纹。窗过梁主色为蓝色，并绘以龙、莲花等图案。窗楣挂短绉窗楣帘装饰。窗帘材料主要用帆布，白色帆布上用蓝色帆布缝制吉祥图案，起到隔离内外视线、防止紫外线对窗框及窗扇色彩的消蚀变色。窗框主要装饰堆经和莲花花瓣。窗扇装饰手段为木雕彩绘，主要图案有人物、花纹、几何图案等。窗套上涂黑油漆。

布达拉宫白宫外墙窗户，窗楣为二重短椽，上层短椽为深红色、下层短椽为绿色，窗楣上青石板压顶，窗框刷深红色（图5-17）。

图5-18为大昭寺外墙底层窗扇，采用吉祥结装饰，上窗楣上下两重短椽颜色为深红色及绿色，窗过梁为蓝色基调藏式彩绘，下短椽猴脸飞子木面为蓝色。

图5-19为布达拉宫白宫东日光殿室内窗户，窗扇风格较为精致，讲究对称，多短形组合，采光面积比较大，窗框、窗扇只涂色不作任何彩绘。

图5-18 大昭寺窗户之一

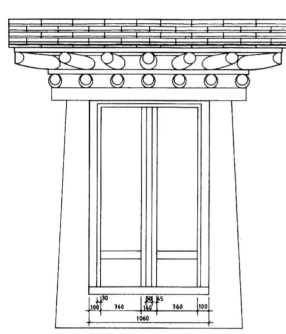

图5-17 布达拉宫窗户之一

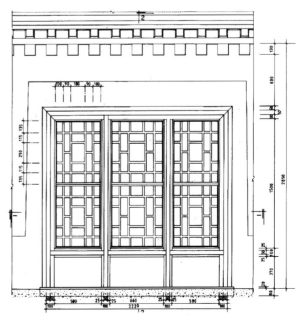

图5-19 布达拉宫窗饰之一

图5-20为桑耶寺外墙窗饰。上窗楣两重短椽
颜色为深红色、绿色，窗过梁为蓝色基调藏式彩
绘。下短椽猴脸飞子木面为蓝色，窗扇用交叉图
形装饰。

图5-21为布达拉宫白宫东日光殿室内窗户，
是由三扇窗组成。每个窗扇都用雕刻板，整个木
构件雕刻精细并加以彩绘，窗扇上主要雕刻为八
仙等图案，雕刻板主要以人物、花草等为主。

图5-20 桑耶寺窗饰

图5-21 布达拉宫窗饰

图5-22为山南昌珠寺外墙窗扇。窗过梁面为蓝色基调藏式彩绘,下层为一重猴脸飞子木短椽,颜色为蓝色,其窗扇风格上下对称,图形主要以"万"字符为主。

图5-23为山南曲德寺的窗廊。窗楣为二重短椽,整个窗廊共设六柱,以雕刻窗槛相接。每柱雀替上设五斗,两柱之间开窗,窗共计五樘,窗木构件面涂彩漆。

图5-22 昌珠寺窗饰

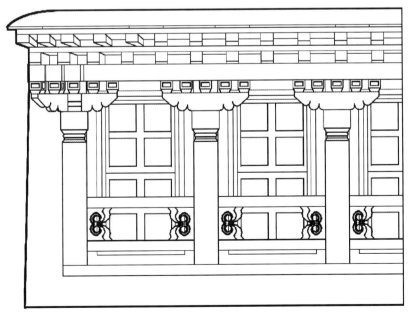

图5-23 曲德寺外墙窗饰

第五章 建筑装饰

图5-24为昌都民居窗饰。窗户上部一般为两
重短椽或三重短椽窗楣，窗扇风格比较均匀，主
要以一分为四为主，窗框装饰有堆经和莲花等。
外设黑色梯形窗套。

图5-25为阿里普兰县科迦村民居窗饰。窗楣
均匀点缀白色圆形图案，设一重短椽，其上夯土
压顶，窗套为黑色牛脸窗套。

图5-24　昌都民居窗饰

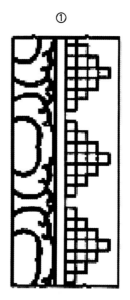

窗框上的堆经与莲花装饰

图5-25　科迦村民居窗饰

第五章 建筑装饰

窗扇彩绘装饰

第五章 建筑装饰

窗饰

窗饰

窗饰

窗饰

窗饰

窗饰

窗饰

窗饰

窗饰

窗饰

窗饰

窗饰

窗饰

窗饰

窗饰

窗饰

第五章　建筑装饰

窗扇木雕

窗扇木雕

窗扇木雕

第二节 梁、雀替、柱装饰

一、梁饰

　　藏式传统建筑中梁的装饰主要为木雕、彩绘。梁在整个室内装饰中至关重要,应进行合理装点以求庄严、堂皇、华丽的效果。梁表面划分成大小等同的长方格,这些连接的长方格内填写梵文、经文或绘制各种花卉、鸟兽、佛像等(图5-26~图5-31)。

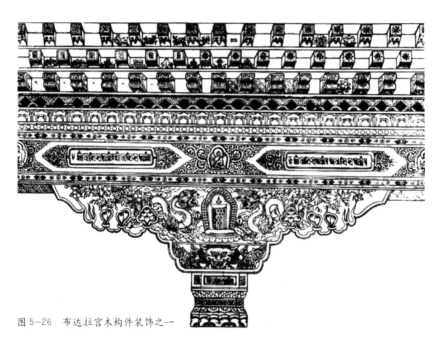

图5-26　布达拉宫木构件装饰之一

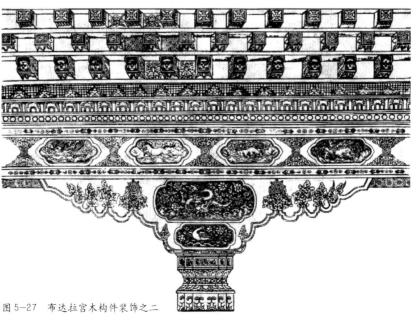

图5-27　布达拉宫木构件装饰之二

图5-28 布达拉宫梁饰之一

图5-29 布达拉宫梁饰之二

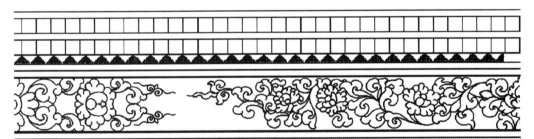

图5-30 哲蚌寺梁饰

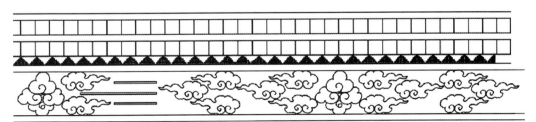

图5-31 贡桑则宅院梁饰

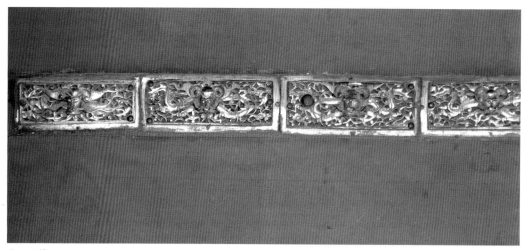

木雕装饰

梁木雕装饰件

梁木雕装饰件

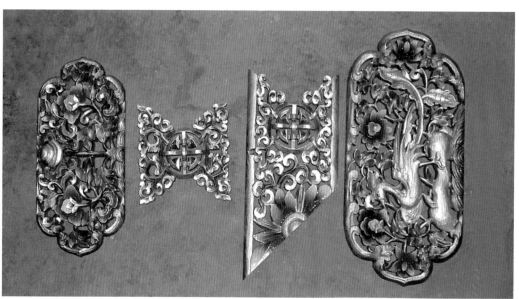

梁木雕装饰件

梁装饰

梁装饰

梁装饰

梁装饰

第五章 建筑装饰

梁装饰

梁装饰

柱头装饰

柱头装饰

二、雀替装饰

藏式传统建筑对雀替的装饰非常讲究。雀替共分两层，上为长弓、下为短弓，长短两弓本身形状要精心雕刻，其表面用雕刻、着色的办法加以渲染，以求良好的装饰效果。雀替装饰有简有繁，简单雀替形状为梯形，这种不加任何雕饰的雀替多见于民居或建筑底层。宫殿或寺院建筑重要殿堂内的雀替都经过精心镂刻，尤其是雀替长弓形状千姿百态，通常见得较多的有祥云状，此外还有各种花瓣状，装饰效果相当强。除了雕刻造型外，还常在表面上雕刻各种图案，以求得锦上添花的效果。长弓中心通常雕刻佛像，两边及边缘雕刻祥云、花卉。整个雀替表面显得精细、丰富、华丽。

1.长弓装饰(图5-32～图5-43)

图5-32 布达拉宫长弓装饰之一

图5-33 布达拉宫长弓装饰之二

图5-34 布达拉宫长弓装饰之三

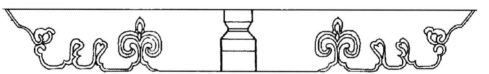

图5-35 布达拉宫长弓装饰之四

图5-36 古格王国寺院长弓装饰

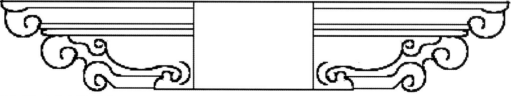

图5-37 托林寺长弓装饰

第五章 建筑装饰

图 5-38　扎什伦布寺长弓装饰

图 5-39　色拉寺长弓装饰

图 5-40　哲蚌寺长弓装饰之一

图 5-41　哲蚌寺长弓装饰之二

图 5-42　哲蚌寺长弓装饰之三

第五章
建筑装饰

图5-43 阿里地区各大寺院长弓装饰

2、短弓装饰(图5-44~图5-51)

图5-44 布达拉宫短弓装饰之一

图5-45 布达拉宫短弓装饰之二

图5-46 布达拉宫短弓装饰之三

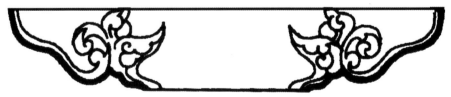

图5-47 哲蚌寺短弓装饰之一

图5-48 哲蚌寺短弓装饰之二

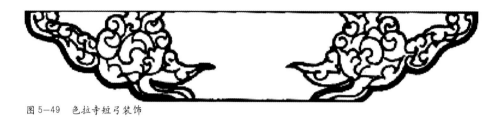

图 5-49　色拉寺短弓装饰

图 5-50　帕拉庄园短弓装饰之一

图 5-51　帕拉庄园短弓装饰之二

第五章　建筑装饰

雀替装饰

三、柱饰

柱饰包括柱头、柱身、柱带、柱础等。柱子形状有圆有方，也有部分为多角柱。柱头部位装饰常用雕刻或彩绘形式，装饰图案为梵文、莲花等，其下方用长城箭垛图案。柱身主要用雕刻、彩绘等形式进行装饰，主要图案为佛像、短帘垂铃等。柱带用铜雕的手段进行装点，图案为宗教法器、兽头、花卉等。柱础主要采用雕刻装饰(图5-52～图5-58)。

图5-52 布达拉宫柱饰之一

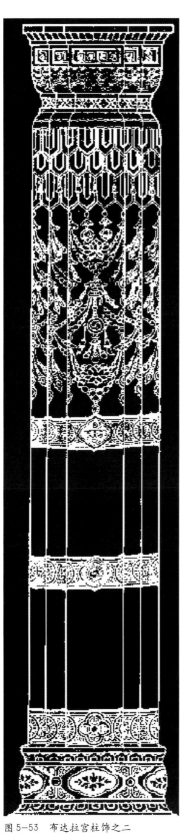

柱头装饰

柱身装饰

铜雕柱带
装饰

柱础装饰

图 5-53　布达拉宫柱饰之二

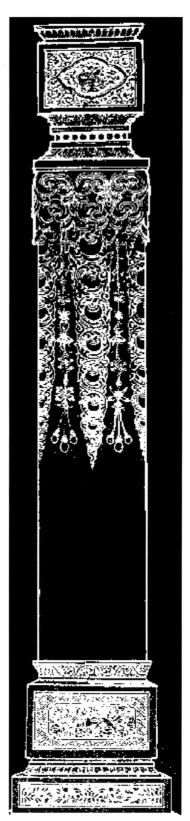

图 5-54　布达拉宫柱饰之三

第五章　建筑装饰

第五章 建筑装饰

图5-55 布达拉宫柱饰之四

图5-56 布达拉宫柱饰之五

图5-57 哲蚌寺柱饰之一

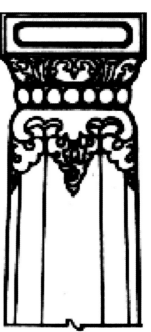

图5-58 哲蚌寺柱饰之二

柱饰

柱饰

柱饰

第五章 建筑装饰

柱饰

第三节　屋顶装饰

藏式传统建筑的屋顶装饰主要有宝瓶、经幢、经幡、香炉等，寺院、宫殿等少数重要建筑设置金顶。

金顶是藏式传统建筑中宫殿、寺院建筑中重要的宗教性高级装饰，其目的是让主体建筑突出群殿和城镇建筑群之上，使宫殿、寺院建筑更加富丽堂皇、气势宏伟。金顶面积有大有小，大的金顶面积可以超过200m²，高约5m左右；小的金顶约20m²，高约2m左右。金顶面积大小是宫殿、寺院主人地位尊严的重要标志，也是所拥有政教权势大小的重要象征，因为建造金顶有明确的资历规定和鲜明的等级制度。宫殿、寺院平屋顶上主要装饰物为经幢、宝瓶、祥麟法轮等（图5-59，图5-60）。

图5-59　布达拉宫金顶群全图

西藏民居的房顶上一般都插有蓝、白、红、黄、绿五色经幡，藏语中称为"塔觉"，在藏式传统建筑中起到一种装饰作用。在西藏人民的宗教色彩观里，蓝色表示天，白色代表云，红色寓意火，黄色象征土，绿色意味水，以此表达对世界万物的崇敬和吉祥的愿望(图5-61)。

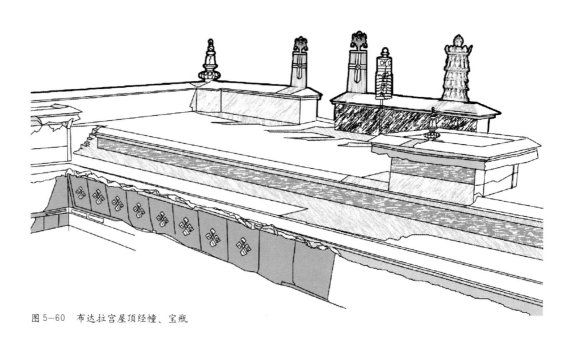

图5-60 布达拉宫屋顶经幢、宝瓶

图5-61 拉萨民居屋顶经幡装饰

布达拉宫屋顶铜雕装饰

布达拉宫屋顶经幢装饰

布达拉宫法轮石刻

布达拉宫边玛墙檐口及铜雕装饰

一、金顶装饰

金顶一般为铜皮镏金制作。其顶部、檐口、四角均装饰有镏金铜皮饰件，充分显示其豪华程度，富丽堂皇。

图5-62～图5-66为金顶装饰。其中图5-64为金顶四角飞檐，一般装有四只张口鳌头铜雕。张口鳌头是一种神话中的动物，以反映建筑物及建筑物主人的高贵地位。

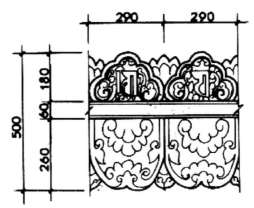

图5-62 金顶上遮檐板局部(常用于金顶檐口)

图5-63 金顶上大鹏鸟面部图示

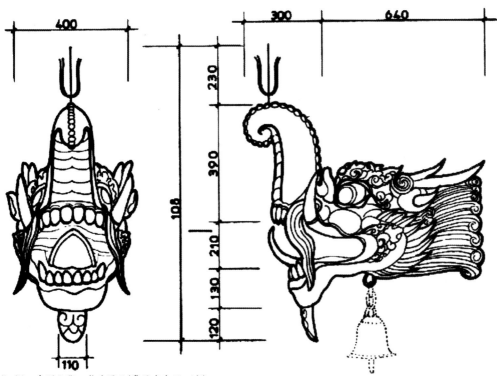

图5-64 金顶上张口鳌头图示(常用在金顶四角)

图 5-65　金顶上八吉祥图示

图 5-66　金顶上命命鸟图示

金顶装饰

布达拉宫屋顶装饰

布达拉宫屋顶装饰

扎什伦布寺屋顶装饰

二、宝瓶装饰

宝瓶一般置于宫殿、庄园等重要建筑物的屋顶，在西藏的历史上是一个地区政教权力的象征（图5-67～图5-70）。

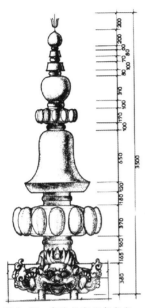

图5-67　布达拉宫屋脊宝瓶一

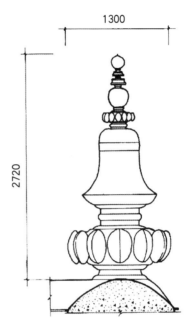

图5-68　布达拉宫屋檐宝瓶二

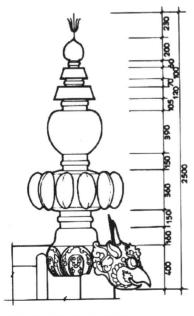

图5-69　布达拉宫屋脊宝瓶三

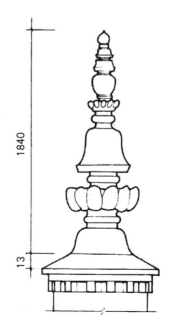

图5-70　布达拉宫屋顶宝瓶四

三、经幢装饰

经幢是寺院建筑的重要饰物，一般置于寺院主殿屋顶边角处或大门上方屋顶处。宫殿、重要庄园屋顶也有摆放经幢作装饰的（图5-71～图5-78）。

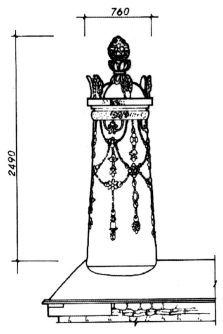

图5-71 布达拉宫屋檐经幢一

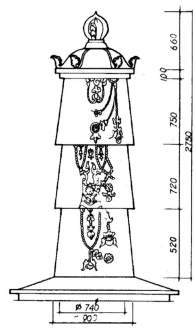

图5-72 布达拉宫屋檐经幢二

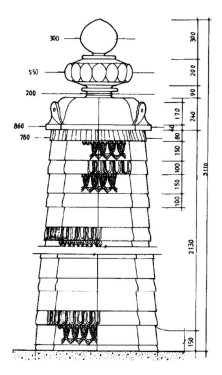

图5-73 布达拉宫屋檐经幢三

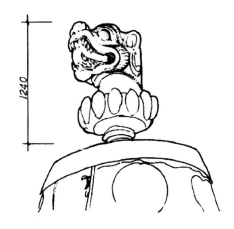

图5-74 布达拉宫屋檐经幢四

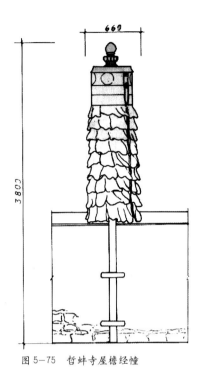

图 5-75 哲蚌寺屋檐经幢

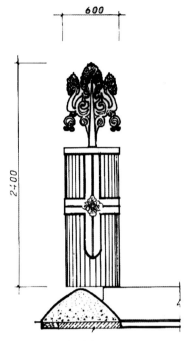

图 5-76 哲蚌寺屋檐经幢

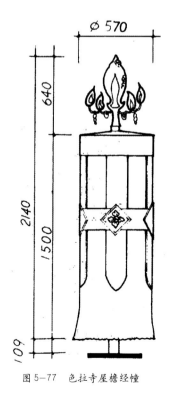

图 5-77 色拉寺屋檐经幢

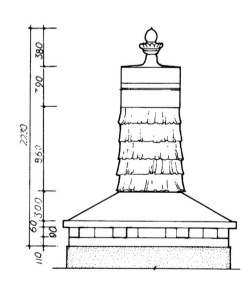

图 5-78 罗布林卡屋檐经幢

第五章 建筑装饰

布制经幢

铜制经幢

哲蚌寺大经堂内景

第五章 建筑装饰

四、祥麟法轮装饰

在藏式传统建筑中，寺院里僧徒集合诵经的佛堂大殿顶楼上可看到左右分别有牝牡祥麟、法轮。这是寺院、宫殿建筑上的装饰品，佛教里称为"祥麟法轮"。

祥麟奉行释迦牟尼教法，于是世间一切不正确的见解都被摧毁，劝人们一心修行向善。法轮是指佛法威力无边无际可以摧毁所有罪恶(图5-79)。

图5-79 祥麟法轮

屋顶上的祥麟法轮

第五章 建筑装饰

布达拉宫祥麟法轮

五、五色经幡装饰

五色经幡亦称"风马"经幡，有5种颜色，色彩鲜艳。信教群众通常将五色经幡置于民居屋顶，以表达对世界万物的崇敬。每逢藏历新年，将换置新的五色经幡(图5-80)。

林芝地区错高湖畔五色经幡装饰

第五章　建筑装饰

拉萨民居屋顶五色经幡

图 5-80 普兰县民居屋顶经幡装饰

贡嘎县却德寺

旁玛雍措湖古寺五色经幡装饰

民居檐口的五色经幡装饰

第四节 墙体装饰

藏式传统建筑中墙体装饰主要有彩绘、壁画,部分建筑还装有铜雕、石刻等(图5-81~图5-82)。

宫殿寺院赭红色女儿墙上的铜雕装饰物,藏语叫"边坚"。铜雕上运用的图案有八吉祥图、七宝图、动物、四大天王等(关于八吉祥图、七宝图以及各种图案的内容在内墙面装饰图腾中有详细介绍)。寺院以及宫殿的内墙面上主要绘制壁画。

石刻主要用在墙面的醒目位置,主要图案有玛尼石刻(六字真言)、虎、狮、鹏、龙等,虽然其用意是驱灾避邪,但实际也起到了建筑装饰的效果。

民居外墙面图案装饰有:门两侧院墙面上画有辟邪的蝎子图案,其造型简洁粗犷、气势威武,如同守门的卫士。这种具有原始崇拜心理的建筑装饰艺术,最初虽然不是为了美观而装饰,但实际效果却造就了地方特色的建筑装饰形式(图5-83~图5-84)。

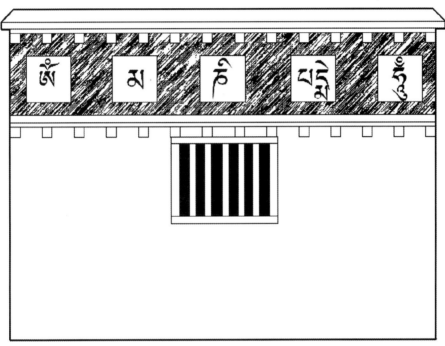

图5-81 大昭寺大门外的石碑墙壁玛尼石刻装饰

图5-82 日喀则民居墙体装饰图

399

外墙面颜色装饰：藏式传统建筑中墙面一般
为白色，但萨迦县民居外墙面上涂有三种颜色，
白色檐口墙身大面积涂刷深蓝或灰色，从檐口到
地面用土红色、白色两色涂刷出色带，别具一格。

第五章
建筑装饰

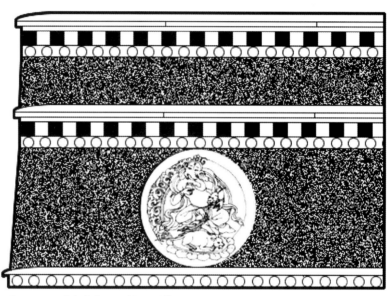

图 5-83　扎什伦布寺女儿墙铜雕装饰

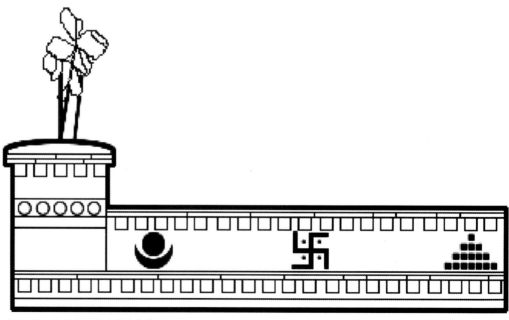

图 5-84　江孜县民居女儿墙装饰图

一、外墙装饰

藏式传统建筑外墙装饰手法主要有铜雕、石刻和涂色三种。涂色在第七章有介绍。

1.铜雕

铜雕工艺粗犷，形象逼真，铜雕内容主要为宗教中的人物、动物和宝器等。

铜雕——法螺图

铜雕——六字真言吉祥图

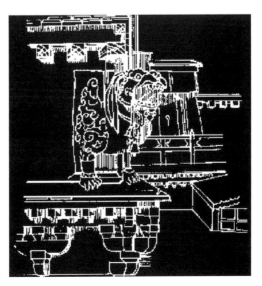

图5-85　布达拉宫外墙四隅狮装饰图一

第五章　建筑装饰

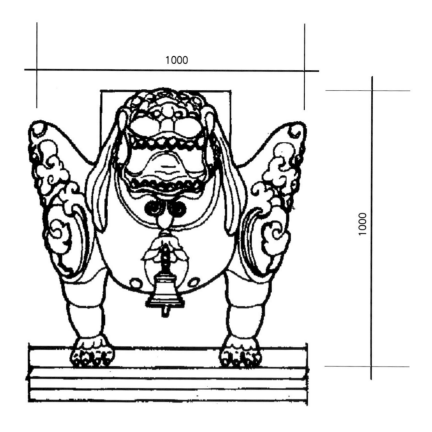

图 5-86　布达拉宫外墙四隅狮装饰图二

铜饰

第五章 建筑装饰

铜饰

铜饰

铜饰

铜饰

铜饰

2.石刻

石刻有凸起和凹进两种形式，刻像等有上色的习惯。石刻小内容主要为佛像、宗教图腾等，但以宗教经文为主要石刻内容。

(1)石板石刻

石板石刻(俗称玛尼石)主要镶嵌于墙面，或摆放于玛尼石堆。也有在鹅卵石上作石刻的。

图5-87～图5-88为民居外墙常用的石刻装饰图案。

图5-87　八廓东街护法神殿墙壁石刻装饰

图5-88　日喀则民居墙面常用图腾

石雕像

石雕像

石雕像

图5-89是刻在不同石板上的"六字真言"和
各种符号的图案。

六字真言

其他石刻

图5-89　石刻一

图5-90上部为马头人身石刻像、象头人身石刻像；下部是水龙石刻图和青蛙石刻图。藏族把龙、蛙视为水神，经常将其刻在石板上，镶嵌在建筑外墙面中。

图5-90　石刻二

图5-91左图为一位上师左手拿着经文目视前方呈入定姿态，右图为一咒语师手举金刚杵呈起舞作法姿态。

图5-92右图为一尊坐姿菩萨，左图是将"六字真言"与狗一起刻在石板上，此图为主人在爱犬死后刻的一幅忏悔图。

图 5-91　石刻三

图 5-92　石刻四

图5-93图是密宗的双修图。双修是密宗的一种修行法，图中二人成搂抱姿势修行。右图是刻有"六字真言"和猫的石刻图。图中上方是"六字真言"，下方是一只猫，这是一幅断送猫性命的忏悔图。猫前供有一盏酥油灯。西藏地区民俗认为杀猫是一大罪孽，在民间有"杀猫点千灯，也难洗脱罪孽"之说。

图5-94 左为手持莲花的观音像。右图为宝象，寓意为宝象把财宝驮回家中。

图5-93 石刻五

图5-94 石刻六

第五章 建筑装饰

山南琼结县境内的藏王陵墓前的石雕狮子，
有一千多年的历史(图5-95)。

图5-95　琼结县藏王墓前石雕狮子

(2)其他石刻

其他石刻主要包括石柱、石柱栏、大门外的
石狮、石碑刻等。

图5-96、图5-97为罗布林卡部分石栏板的
雕刻图案

图5-96 罗布林卡石栏板雕刻图案

图5-97 罗布林卡门廊外石栏板雕刻图案

第五章 建筑装饰

石碑

镶嵌在墙壁的石刻

石碑

石象

石刻佛像石板作隔墙板

3.涂色

外墙涂色装饰的主要图腾为宗教和当地习俗中的符号。入大门两侧墙面常涂绘白象驮宝、狮虎护主等图案。涂色图腾装饰主要用于民居建筑外墙。

民居大门上的涂色装饰

第五章 建筑装饰

拉萨寺庙中的墙壁彩绘

西藏传统建筑民居大门两侧或门扇上常绘有日月、盘长、庸仲、蝎子等图案。这些图案随意夸张，表达了主人驱魔避害的愿望。

二、内墙面装饰

藏式传统建筑中宫殿、寺院等内墙装饰主要以壁画为主，民居和一般建筑内墙面多使用彩绘。

1、壁画题材

在西藏的宫殿、寺院以及庄园的经堂里都有绘制壁画的传统习惯。那些著名古代建筑可谓座座都是绘画艺术博物馆。古代画师们创造许多具有史料价值和艺术价值的壮观画卷，其数量之多、内容之丰富、技法之精湛，令人惊叹。大昭寺的壁画面积达 4400m^2，如果把它变成一米宽的彩带，可以环绕八廓街五圈多。西藏各大寺院中，都绘有相当数量的壁画，布达拉宫红宫第六层壁画回廊南侧的一幅"赛宝会"壁画，画面场景宏大，壁画内容反映布达拉宫到大昭寺、小昭寺之间的场景，其中人物不下千余个，形态各异，栩栩如生。

壁画的题材十分广泛，涉及政治、经济、文化、历史、建筑、宗教及社会生活各个方面，有历史事件、人物传记、宗教教义、西藏风土、民间传说、神话故事等，堪称西藏历史的百科全书。这些精湛的壁画艺术品是西藏各族人民的伟大创造，也形成了藏式传统建筑装饰的重要形式。壁画按绘画所表现的题材可分为：

（1）宗教画

宗教画有菩萨、天王、度母、天女、护法神及密宗等宗教图案。大昭寺的回廊墙壁上绘制千佛组画，形象生动，气势宏大。宗教画中还有辩经、跳神、弘法、传经等宗教活动和表现宗教世界观的"坛城"画（金科）、"须弥山"图、"六道轮回"图。这些壁画形象地描绘了"因果报应"、"轮回转世"、"天堂地狱"、"人生皆苦"等宗教思想和唯心主义的宿命论。

（2）传记画

传记画有表现释迦牟尼生平的本生图及前世各种故事的佛陀传。有大师传（莲花生、阿底峡）、法王传（八思巴、米拉日巴、宗喀巴、五世达赖喇嘛）、藏王传（松赞干布、赤松德赞）等等。这些壁画往往用几十以至几百幅连环画面，表现传记人物的生平事迹。如布达拉宫红宫第五层司西平措大殿的西壁上，全部是五世达赖喇嘛一生的活动，壁画面达几百平方米。一组壁画有一百多幅画面，描绘了萨迦法王八思巴降生、赴凉州、应召进京、返藏、二次入京、皇帝册封、圆寂等整个生平。古格王朝遗址白殿中绘有吐蕃王朝世系图，概括了吐蕃王朝的发展过程。

（3）肖像画

肖像画以重要历史人物、上层高僧为绘画对象。壁画中常见的人物肖像有松赞干布、赤松德赞、赤热巴巾等藏王像；有文成公主、金城公主、尺尊公主等后妃像；有达赖喇嘛、班禅大师等高僧活佛像等。

（4）故事画

故事画中以藏民族的起源说中猴子变人的故事最为著名。布达拉宫白宫东大殿、罗布林卡达旦米久颇章小经堂的"猕猴变人"壁画，都是有名的作品。故事画表现了藏族起源的故事，古代西藏在山南的贡布日山，猕猴与罗刹魔女结合，生下六个猴儿，后繁衍至五百，得以神粮饲之，遂变为人。壁画中有罗刹魔女向猕猴求婚、神灵力主通婚等内容，称得上是难得的故事壁画珍品。

（5）风俗画

壁画中还有许多画面，表现了藏族社会生活的各个方面，反映出丰富多彩的文化娱乐和体育竞技活动（如图5-98）。大昭寺主殿西壁南侧一组庆贺图中有歌舞、乐器演奏、竞技表演等，其场面非常热烈。布达拉宫壁画中有赛马、射箭、摔跤、抱石等各种民间体育活动。桑耶寺主殿回廊中有一组民间杂技，如马技、倒立、攀索、气功表演等，人物神态栩栩如生。

（6）建筑画

藏式传统建筑壁画中有许多宏伟壮观的建筑形象画，如大昭寺、布达拉宫、桑耶寺、扎什伦布寺、萨迦寺等。桑耶寺全景图和落成图，精心描绘了五十余座殿宇、佛塔和众多的人物形象。萨迦寺墙壁上一组生动的工程维修图，再现了维修萨迦寺的情景：成千上万的劳动者在忙碌地搬运木材，数不清的石匠、木工在砌筑墙体、搭置梁架。正是这些西藏人民，以他们聪明才智和勤劳勇敢的品格，创造了灿烂的古代建筑文化。这些壁画是一份难得的关于藏式传统建筑营建的形象资料，具有重要的研究价值。

（7）历史画

这类壁画以史实为依据，着重表现历史上重大的政治事件和活动，其中以讴歌藏汉民族经济、文化交流的作品尤有特色，引人注目。在布达拉宫、大昭寺、罗布林卡等建筑的墙壁上都绘有文成公主进藏的故事。画面通过"使唐求婚"、"五难婚使"、"公主进藏"等形象，生动描绘了（唐）贞观十五年（公元641年）唐蕃联姻的历史事件。大昭寺、布达拉宫中的"欢庆图"，再现了文成公主抵达拉萨时，吐蕃人民身着节日盛装，载歌载舞的欢迎场面。布达拉宫白宫东大殿内"照镜子"壁画，描绘的是公元710年金城公主下嫁吐蕃的历史。

藏式传统建筑壁画画法讲究构图严谨、均衡，布局上疏密参差，以虚济实、活泼多变。画法上主要有工笔重彩与白描手法，首先按照造像量度标准起稿，面部五官、头、胸、腰等各个部位的比例均有严格的要求；然后着色，用色上强调对比，讲究色彩艳丽，追求金碧辉煌的效果，并用点金或其他中和色统一画面；最后线描，线条勾勒，一种运笔粗细一致、刚柔相济；另一种运笔有粗有细，顿挫变化，随画面的区别而运用，因而有的线条粗犷有力，有的圆润流畅，都能够达到传神动人的效果。

壁画经过画师千百年不断发展，在藏民族绘画传统的基础上吸取了汉地及印度、尼泊尔等外来的绘画技艺，形成了自己的风格和民族特色，并在长期绘画实践中出现了不同流派，其中以"门当"、"青孜"两大画派最为著名。门当派画风严谨端庄，大昭寺、布达拉宫一些壁画就是他们的作品。青孜派风格奔放活泼，夏鲁寺、白居寺、托林寺中的壁画则是这一派绘画成就的代表。

2、壁画制法

（1）颜料来源

藏式传统建筑壁画中使用的矿物颜料主要来源于西藏的尼木、昌都、林周和仁布等地。矿物岩石经过一段时间的研磨成粉后，加入水、牛胶即可使用。

（2）壁面处理

制作一幅壁画，首先要进行壁面处理，然后在壁面上作底色，再谋篇布局，确定画面轮廓，着色上光，最后按照宗教仪轨灌顶开光。下面简要介绍藏式传统建筑壁画的绘制程序：

绘制壁画的壁面，要由专门的抹墙灰匠（藏语名"谢崩"）来处理。墙体砌好后，处理壁面有以下工序：

① "名达"工序。即黄泥在墙面抹平，待全干。

② "谢旦"工序。即黄土和粗砂子兑好，（黄土和砂子按2:3比例）加少量麦草（防裂缝），再加少量细木炭（防虫蛀和变质），拌泥后抹上墙面，待全干。

③ "谢度"工序。即用较细的阿嘎土和砂子按1:1的比例拌匀，再拌泥后抹在墙面上。壁画

先用较大一点的"乌底"（白色石英石）磨出混泥，稍干后用普通"乌底"连续打磨，使泥壁变干，直到能发出亮光为止。

（3）底色处理

底色处理的好坏直接影响整幅壁画的质量，需注意以下三个方面问题：

①牛胶熬稀，然后掺入少量铁红，拌均后再均匀地刷在墙壁上，待干。

②在土黄颜料"萨昂巴"中兑入牛胶，拌成糊状，然后均匀地往墙上刷一层，并磨平。

③在土黄颜料中兑入牛胶，并再加一些白土料"昂噶"，拌匀后往墙上刷一层，使壁画发白。

（4）壁画布局

根据壁画的内容、要求以及墙壁的高低宽窄，按比例确定画面轮廓。一般按照从上到下的步骤绘制。

①"江扎美朵"（椽间花）工序。在藏式房屋的椽子木间的空格内，一般先涂蓝色或黄色作底，再绘花纹。

②"共阿"（领边）工序。在"江扎美朵"之下边绘条带状装饰花纹，也可用藏文、梵文或八思巴文装饰。

③"香布"（帘）工序。在"共阿"之下绘比较宽的条带状装饰花纹，约占整个壁画的1/6。有些在"香布"上还绘有"扎其"（丝绸花纹）。

④"美龙"（主画）工序。在"香布"下边墙壁中央部分绘壁画，约占壁画的一半之多。

⑤"吉芝"（彩带）工序。在壁画下绘制蓝、红、绿三色带状花边。一般是隔一定距离绘制金刚或其他花纹，也有装饰梵文和八思巴文的。"吉

图5-98 桑耶寺壁画

芝"下一般留有离地约1m左右的空白墙。

（5）壁画绘制

①按照造像的度量规定放格线。

②格线上用炭笔勾草图。

③草图上用毛笔勾出黑线,藏语音译"介"（即定稿）。

④描绘佛衣等物的内线。

⑤描绘天、地,涂蓝、草绿色。

⑥描绘水、树、岩石、云彩和草木等物。

⑦上色。先涂黄色,随之涂上浅红、橘红、大红等颜色,最后涂白色。

⑧上色完毕,擦"巴其"（即青稞面的糌粑揉圆）,用以清除脏物。

⑨勾勒蓝线,描清黑线。

⑩山凸线泥浆后,再刷兑入土黄的胶水。

⑪刷涂粘金箔的胶叶。

⑫已着色的绿水"卡久"回色。

⑬"坚契"（描佛的眼睛）。对画中人物的眼睛进行一次细微化的处理。

⑭"章色"（涂金叶之意）。即土色叶和勾金线。

⑮涂金叶和金线处,用勒子（即天珠）来抛光。

⑯在一种叫"加布"的胶内掺入少许青稞酒,用此刷两遍画面。

⑰用亮漆刷两遍画面,使壁画上光。壁画的绘制工序全部完成。

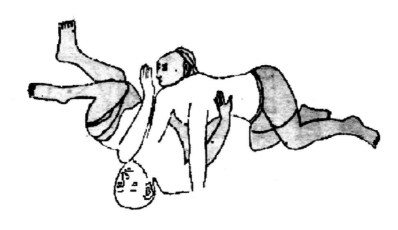

西藏传统建筑壁画

五世达赖与顺治皇帝

第五章 建筑装饰

寺院建筑壁画

第五章 建筑装饰

营造建筑壁画

历史故事壁画

布达拉宫壁画

历史人物壁画

宗教人物壁画

宗教故事壁画

宗教人物壁画

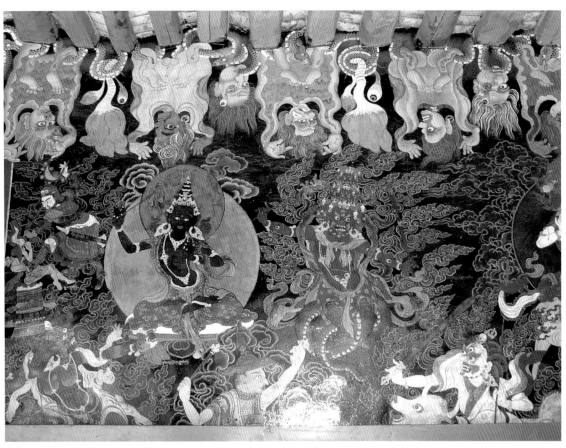

宗教人物壁画

宗教故事壁画

第五章 建筑装饰

宗教人物壁画

历史人物壁画

宗教人物壁画

宗教人物壁画

宗教人物壁画

宗教人物壁画

坛城壁画

宗教人物壁画

历史人物壁画

3、图腾

(1) 八吉祥图

八吉祥图,藏语称"扎西达杰",是藏族绘画里最常见而又富有深刻内涵的一种组合式绘画精品,大多运用在壁画、金银铜雕、木雕形式中。这八种吉祥物的标志与藏传佛教中的佛陀或佛法息息相关。八吉祥图及其含义分别是:

宝伞:古印度时,贵族、皇室成员出行时,以伞蔽阳,后演化为仪仗器具,寓意为至上权威。佛教以伞象征遮蔽魔障,守护佛法。藏传佛教亦认为,宝伞象征着佛陀教诲的权威(图5-99)。

金鱼:鱼行水中,畅通无碍。佛教以其喻示超越世间、自由豁达得以解脱的修行者。藏传佛教中,常以一对金鱼象征解脱的境地,又象征着复苏、永生、再生等含义(图5-100)。

图5-99　宝伞

图5-100　金鱼

宝瓶：藏传佛教寺院中的瓶内装净水（甘露）和宝石，瓶中插有孔雀翎或如意树。既象征着吉祥、清净和财运，又象征着俱宝无漏、福智圆满、永生不死(图5-101)。

莲花：莲花出污泥而不染，至清至纯。藏传佛教认为莲花象征着最终的目标，即修成正果(5-102)。

图5-101　宝瓶

图5-102　莲花

第五章　建筑装饰

白海螺：佛经载，释迦牟尼说法时声震四方，如海螺之音，故今法会之际常吹鸣海螺。在西藏，以右旋白海螺最受尊崇，被视为名声远扬三千世界之象征，也即象征着达摩回荡（乐曲十分动人）不息的声音（图5-103）。

吉祥结：吉祥结原初的意义象征着爱情和献身。按佛教的解释，吉祥结还象征着如若跟随佛陀，就有能力从生存的海洋中打捞起智慧珍珠和觉悟珍宝（图5-104）。

图 5-103　白海螺

图 5-104　吉祥结

胜利幢：为古印度时的一种军旗。佛教用幢寓意烦恼孽根得以解脱、觉悟得正果。藏传佛教更用其比喻十一种烦恼对治力、即戒、定、慧、解脱、大悲、空、无相、无愿、方便、无我、悟缘起、离偏见、受佛之得加持的自心自情清净（图5-105）。

金轮：古印度时，轮是一种杀伤力强大的武器，后为佛教借用，象征佛法像轮子一样旋转不停，永不停息（图5-106）。

这八个图案可以单独成形，也可绘制成一个整体图案，这种整体图案在藏语中称"达杰朋苏"，意为吉祥八图。

图 5-105 胜利幢

图 5-106 金轮

（2）七政宝图

七政宝图在藏式传统建筑的绘画、雕刻艺术作品中是常见的图案，该图案一般出现在庄重的场所，如佛堂、庆典等。这个图案是根据佛经中所说的古代轮王统治时代国力强盛，天下安泰的标志，其象征意义是四方归一统，国君具备为黎民百姓带来幸福安康生活的治国才能。

七政宝指金轮宝、神珠宝、玉女宝、臣相宝、白象宝、绀马宝、将军宝。

金轮宝：金轮象征轮王至高无上的尊严。轮王一声令下，天下臣民无不尊从。金轮的转动可以使其他六宝随之即为（图5—107）。

神珠宝：神珠宝的蓝色光芒可以照亮八十由旬之远的地方。神珠可以解除四部洲存在的所有贫困，让众生的心愿如愿以偿（图5—108）。

图5—107 金轮宝

图5—108 神珠宝

玉女宝：玉女体姿婀娜、心灵聪慧、言语温和；具备贤女十八之德，娴熟六十四项技艺。玉女身着盛装美德无比，人人无不倾心，是众生悦意的"珍宝"(图5-109)。

臣相宝：臣相是轮王的左臂右膀，辅佐国王治国安邦。轮王心想用金银珠宝来装点大千世界，而臣相便能让轮王的心愿变成现实。臣相秉性正直、勇敢且机智聪慧，财产多如多闻天王，而不被吝啬绳索捆住手脚，乐于大胆施舍，接济贫苦(图5-110)。

图5-109 玉女宝

图5-110 臣相宝

白象宝：白色大象肌肤如玉，两根象牙挂在嘴头上，额头宽大光亮，用珍宝织成的头饰装扮得高贵典雅。白象力顶万斤，冲向沙场，所向披靡（图5-111）。

绀马宝：绀马身上光亮的藏青色毛美如孔雀羽毛，绀马一声嘶叫传向四面八方。机智的绀马善解骑士之心，驰骋如疾，一日能转世界三周（图5-112）。

将军宝：英勇善战、机智如神的将军指挥千军万马横扫沙场，将军声名振撼天下，敌人听了魂飞丧胆，将军威武俨如守护须弥山南方大门的增长天目（图5-113）。

图5-111 白象宝

图5-113 将军宝

图5-112 绀马宝

（3）八端物图

藏族把镜子、奶酪、长寿茅草、木瓜、右旋海螺、牛黄、黄丹和白芥子这八物当成吉祥品。这八端物的名字来源于释迦牟尼出家后，苦行六年里神仙送给他的物品。

八端吉祥物组合：人们将表示祝愿的人种物品叫做八端吉祥物（图5-114）。

镜子：天母送给释迦牟尼显示正道的镜子（图5-115）。

奶酪：妙生女神把五百头黄牛乳中提炼出来的精华献给了释迦牟尼（图5-116）。

长寿茅草：婆罗门贡送给释迦牟尼的吃了没有烦恼、长生不老的长寿茅草（图5-117）。

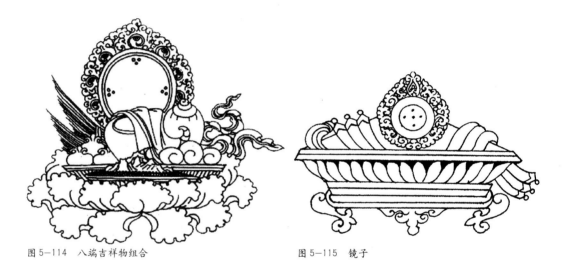

图5-114 八端吉祥物组合　　　　　　图5-115 镜子

图5-116 奶酪

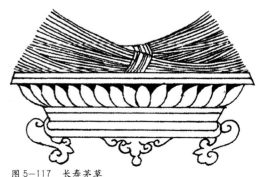

图5-117 长寿茅草

　　木瓜：树母神送给释迦牟尼的木瓜，吃了可以摆脱烦恼、长生并升到天界(图5-118)。

　　右旋海螺：天神之王把右旋海螺送给释迦牟尼，以摧毁世间一切不正确的见解(图5-119)。

　　牛黄：护地神送给释迦牟尼的牛黄，表示从烦恼、痛楚、恶趣苦和毒箭中解脱出来(图5-120)。

　　黄丹：释迦牟尼的第七个吉祥物是地母送去的黄丹，以表示未解脱轮回的一切众生会脱离轮回(图5-121)。

　　白芥子：密主金刚送给释迦牟尼的白芥子，能破除天魔与死魔，可以获得金刚身(图5-122)。

图5-118　木瓜

图5-119　右旋海螺

图5-120　牛黄

图5-121　黄丹

图5-122　白芥子

第五章　建筑装饰

（4）五妙欲图

五妙欲图案在藏式传经建筑装饰中广泛地使用(图5-123)，主要含义指：

①眼睛通过镜子看见美丽的形体；

②耳朵通过乐器听见美妙的音乐；

③舌尝到鲜美而富有营养的食品；

④触觉器官感受到柔滑或粗涩触表示为福禄寿；

⑤鼻腔通过海螺感受到香觉。

（图5-123）。

（5）交杵金刚图

交杵金刚共有四种颜色，它象征众生从痛苦和贪恋中解脱出来，生活过得幸福(图5-124)。

白颜色象征病难、烦恼和一切波折都静止。

黄颜色象征繁荣昌盛。

红颜色象征男女众生丰衣足食。

绿颜色象征阻止一切痛苦和危难。

（图5-124）。

（6）太极图

一些藏式传统建筑的柱头上装饰有太极图。不同的太极图有不同的意思和特征，比如两种颜色的太极图表示智慧和方式；三种颜色的太极图表示三士：上士、中士、下士，表示经过修行而得到解脱；四种颜色的太极图表示四喜：喜、胜喜、殊胜喜、具胜喜，表示吉祥安乐的意思(图5-125)。

图5-123 五妙欲图

图5-124 交杵金刚图

图5-125 太极图

4、天花板装饰

藏式传统建筑的天花板装饰内容相当丰富。以下介绍几组艺术性较高的实例（图5-126～图5-131）

图5-126 托林寺天花板装饰

图5-127 托林寺天花板飞天装饰

图5-128 夏鲁寺天花板装饰

图 5-129　古格王国坛城殿天花板装饰

图 5-130　古格王国白庙天花板装饰

图 5-131　山南桑耶寺天花板装饰

天花板彩绘

天花板装饰(中间木板为正在修缮)

桑耶寺内景

天花板装饰

天花板装饰

第五章
建筑装饰

天花板装饰

天花板装饰

天花板装饰

天花板装饰

5、泥塑

　　泥塑一般先做木架，再用黏土（如黄泥）塑成。在西藏各大寺院的殿堂、宫室和灵塔殿内供奉的佛像、护法神等大多数均为彩绘泥塑。泥塑的制作较为简单。首先是选好黏性泥料，然后过筛。拌泥时加上纸、稻草等，用以增加粘性和防止开裂。拌泥过程中，要用棍棒反复捣搅，直至达到一定黏性。塑像胎体内的脊柱一般用柏木杆。塑像时要从底座往上塑，工序要连续，注意保持温度，防止开裂(图5-132～图5-136)。

图5-132　泥塑

图5-133　释迦牟尼像

图5-134　泥塑金刚像

图5-135 不同造型的度母像及金刚泥塑头像

图 5-136　金刚脚下泥塑局部像

佛台座泥塑力士

泥塑文成公主像

泥塑佛像

460

泥塑金刚杵

泥塑佛像背光

泥塑护法神

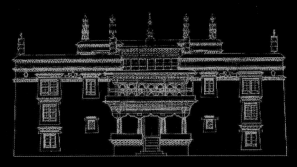

6

第六章 建筑材料

　　藏式传统建筑以石木结构为主，石材、木料和土为基本材料。其中阿嘎土、帕嘎土、边玛草是西藏独有的建筑材料，依其不同材质用于不同的建筑。墙体一般采用花岗石，尤其拉萨一带盛产该石料，故多用在建筑上。花岗石的强度、抗压能力较高，是当地砌筑墙体的最佳材料。建筑物的结构受力分布主要由木料传递，较硬的木料（如冷杉、核桃木）多用于结构骨架，较软的木料（如杨木）则用于室内装饰雕刻。阿嘎土用于建筑屋顶、地面表层封护材料，其主要成分是硅、铝、铁的氧化物，具有坚硬、光泽、美观的良好效果。据考古调查，吐蕃时期的墓葬中已发现用阿嘎土铺地的做法。阿嘎土虽然有渗水的缺陷，但是只要严格按照操作程序，分级配料施工，勤于维护、保养，保持排水畅通，仍不失为是一种坚固耐久、适合平顶建筑使用的建筑材料。自20世纪初叶，一些从区外运进的新的建筑材料开始用于藏式建筑，如玻璃、钢、钢筋、水泥等，但旧社会运输困难，价格昂贵，只有少数贵族庄园才能用得起。

第一节 墙体材料

一、边玛草

边玛草是一种柽柳枝，秋来晒干、去梢、剥皮，再用牛皮绳扎成拳头粗的小捆，整齐堆在檐下，等于是在墙外又砌了一堵墙。然后层层夯实，用木钉固定，再染上颜色。在西藏，无论是宫殿上的女儿墙，还是寺院殿堂的檐下，都有一层如同用毛绒织的赭红色的东西，这就是边玛草墙。它不仅有着庄严肃穆的装饰效果，而且由于边玛草的作用，可以把建筑物顶层的墙砌得薄一些，从而减轻墙体的重量，这对于高大的建筑物显得至关重要（图6-1～图6-3）。边玛墙制作工序复杂，建筑成本高，利用率低。历史上出于等级区分，普通民居不享有砌筑边玛墙的待遇，所以它成了旧西藏社会等级的标志之一。

二层边玛草女儿墙

敏株林寺一层边玛草女儿墙

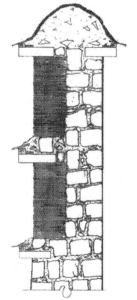

图6-1 双层边玛草女儿墙

图6-2 敏株林寺单层边玛草女儿墙

八廓街郎色夏边玛草女儿墙

图6-3　八廓街郎色夏边玛草女儿墙

二、石材墙

在西藏自治区的一些地区，藏式传统建筑中外部墙体一般都为石材墙，其外形方整，风格古朴粗犷。墙体向上收分，具有墙体稳固作用。过去砌墙的石材都是从山上采掘，加之采石工具简陋，石头形状各不相同。传统的石墙砌筑工序为：运用一层方石叠压一层碎薄石的工艺，以解决砌墙水平要求和坚固稳定的要求，同时起到了外墙体装饰作用（图6-4，图6-5）。

桑耶寺石外墙

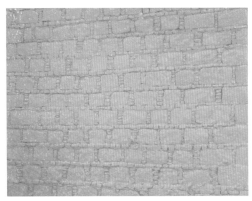

块石砌筑墙

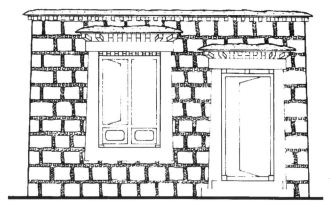

图 6-4 块石墙

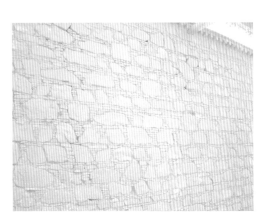

毛石砌筑墙

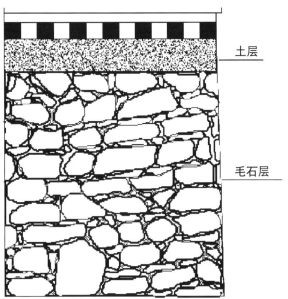

图 6-5 毛石墙

土层

毛石层

三、土坯墙

土坯墙多用于藏式传统建筑的 1～3 层建筑物，也用于院内围墙，材料一般为黄土加少量稻草（防断裂）。在砌好的土坯墙面上用黄泥抹后留下五个手指头划开的彩虹形的纹路，这种纹路除具美观效果外，还起到防雨水冲刷墙面的作用（图6-6）。农村居民多利用墙体空间贴晒上牛粪饼作燃料。

土坯墙用料

图6-6 堆龙德庆县民居外墙面彩虹形纹路

堆龙德庆县民居外墙面彩虹形纹路

四、隔墙

隔墙多使用柴草，主要是为了减轻墙体的重量。传统建筑顶层隔墙的材料使用牛粪砖、草墙和不易腐烂的边玛草，既保证建筑质量又达到建筑装饰效果。其施工方法为：

草墙或边玛墙晾干后，用一束束牛皮条捆绑，横向或竖立着排列成一道隔墙，然后上一层黄泥在墙面抹平，待全干。再用黄土和粗砂子配合好，加少量稻草（防裂缝），再加少量细木炭（防变质），拌泥后抹上墙面，待全干。第三步，用较细阿嘎土和砂子按1∶1的比例拌匀，拌泥后抹在墙面之上。墙面先用较大一点的打光石（白色石英石）抹出水混泥，稍干后用普通打光石连续打磨使泥墙面变干，直到能发出亮光为止。该墙的主要特点为隔音、承重、节约材料，并腾出室内空间（图6-7，图6-8）。

布达拉宫室内竖立排列的边玛草隔墙

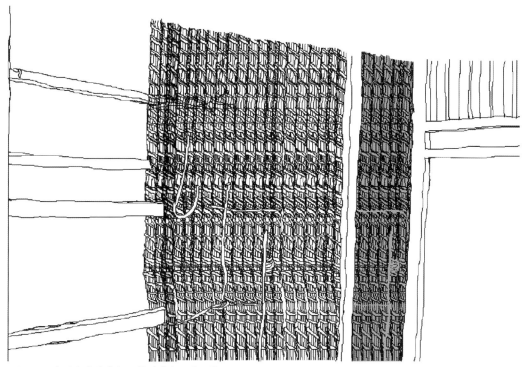

图6-7　布达拉宫室内竖立排列的边玛草隔墙

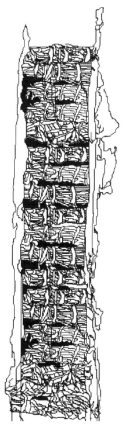

图6-8　布达拉宫室内草隔墙

五、板筑土墙

板筑土墙在藏式传统建筑砌墙中十分流行。砌墙的工序是：首先用白灰在地面上画出建筑平面以便于挖地基；地基挖至所需深度后，向挖好的地坑内填入毛石块和泥土，然后用重石夯打，地基的完成为墙体的建筑作好了准备；在夯实的地基上砌筑二、三层石墙，按石墙的宽度在上层用两块木板作砌墙的模子，木板的头尾用两根粗大的木棍横向排列，将木板和木棍用绳子捆绑，在做好的模子里倒入调配好的泥土；用专门的工具夯打，达到指定的高度为止。西藏大型建筑中，如布达拉宫、萨迦寺的围墙都是板筑土墙（图6-9）。

六、木构梁板墙

此墙在藏式传统建筑民居中使用较多。由于民居的形式和结构，与特定地区的地理环境、气候条件密切相关。从大的地理区域上看，藏东南地区有干阑式建筑，也有落地居式建筑，这一带为林区木材较多而盛行板屋。林芝、昌都一带民居的二层或三层砌墙的主要材料为木材，由于木材层层精心排列，给整体建筑带来一种土木结合的装饰效果（图6-10）。

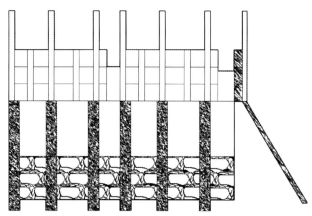

图6-9 昌都民居板筑土墙

昌都民居中板筑土墙

图6-10 木材搭建的昌都民居

第二节 屋面材料

一、阿嘎土

阿嘎土主要用来做地面、屋面和墙面。"阿嘎"从山上采下来时是一种类似石头的坚硬土块，亦即具有一定黏性的土质。使用时把它砸成三种大小不等的形状。其施工程序为：

在卵石和黏土连接的面层上铺约10cm厚的"阿嘎"，人工踩实，然后一边加水一边夯打。"阿嘎"吸水性强，要不断泼水，使之充分吸收水分直到起浆为止。夯打后再铺一层较细的阿嘎，继续泼水夯打。夯打阿嘎的整个过程充满了歌声，施工劳动在有节奏的歌声中进行。根据施工面积的大小决定参加劳动的人数，大家一字排开，随着歌声的节奏不断变化纵横的队列，为的是每个地方都能够夯打到。在夯打好后的阿嘎土屋面或地面上用卵石磨光表面并涂上榆树皮熬的汁，干了以后再涂清油若干次，直到发亮为止。阿嘎地面需要特别注意保护。人们平日脚下常垫两块羊皮擦地而行，天长日久地面就如同水磨石一样平整光滑、亮如明镜。西藏的"阿嘎土"资源丰富，但由于取材价格昂贵，打制费工费时，旧西藏只有寺庙、宫殿和一些贵族家庭才采用（图6-11）。

阿嘎土制作地面

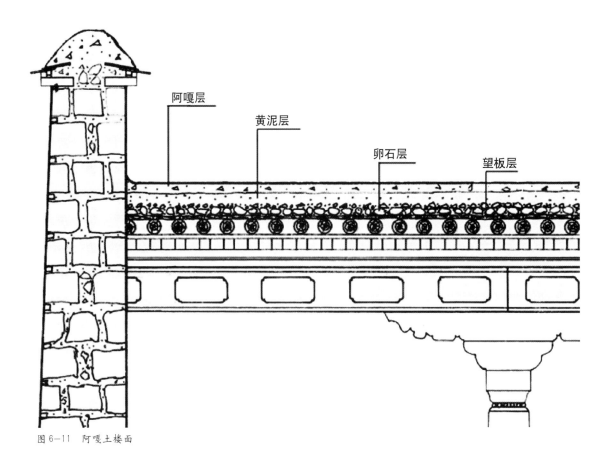

图 6-11　阿嘎土楼面

阿嘎层
黄泥层
卵石层
望板层

二、黄泥

一般民居建筑屋面是在圆椽子木结构层上铺一层 50～80mm 厚杂木树枝，其上再用鹅卵石平铺 60～80mm 厚，再夯填密实黄泥 30～50mm。

三、堆草坡屋顶

堆草坡屋顶的做法是在房屋上部先做一层平屋顶，中间留一层 1.8～1.2m 高的隔热层（它既能隔热又可储存食物），平屋顶上部两侧砌墙中间架梁，顺坡铺设檩木，其上平铺木板，再盖一层厚厚的干草。

第三节 地面材料

地面材料按所用材料及部位的不同，可分为室内地面和室外地面。室内地面有：原土夯实地面、阿嘎土地面、木地板地面、地垄地面。室外地面有：青石板地面、鹅卵石地面、方整石地面等。

一、木地板

藏式传统民居建筑室内地面一般为原土夯实地面，但有些富有豪华民居室内地面采用木地板地面，寺院、庄园建筑中采用木地板的就更多一些。林芝地区因有丰富的木材资源，房屋室内地面均采用木地板，选材以华木、核桃木为主。

二、青石板

青石板材料在西藏自治区各地区普遍存在，所以常运用于建筑。一般应用在女儿墙压顶檐上或门、窗楣檐上，以使夏季雨水顺青石板檐向下滴落，从而雨水不容易浸入墙体内而起保护作用（图6-12）。青石板地面当中的青石板，无规格规定，有大有小，铺设时无先后顺序，也无大小分别，只是随想随铺，大小拼凑，平平铺设在地面上，用砂土嵌填缝隙，再用黄泥抹缝。有些房屋室内也采用青石板铺地，但较少见。青石板地面与鹅卵石地面一般铺设在院内及步行道内，也有铺在建筑物四周墙角作为散水，便于排水防水。

三、鹅卵石地面

鹅卵石地面，亦即将大小形状近似于鹅卵的石子竖立形成的地面（图6-13）。

四、方整石地面

毛石经过加工形成方整石，平整而有规律地在地面铺设形成的样式，我们取其名为方整石地面，一般铺设在重点建筑入口处、踏步台阶、门厅及建筑物周边散水和人行道上，有的铺筑在窄步道路上。但道路上的石板为长方形，通常叫长条石走道地面。

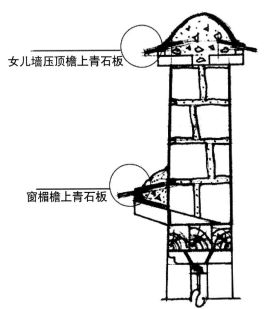

图6-12 青石板做女儿墙压顶檐及窗楣檐

女儿墙压顶檐上青石板

窗楣檐上青石板

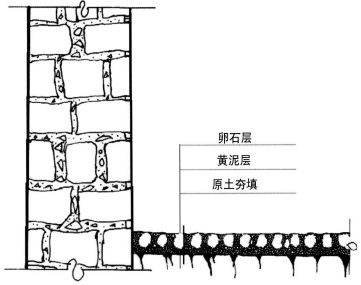

图6-13 鹅卵石地面

卵石层
黄泥层
原土夯填

第四节　墙体材料

藏式传统建筑墙体粉刷色彩材料有：

白土：拉萨地区的白土主要产自当雄县一带的山沟。民居外墙多数流行涂刷白土颜料。各地每年涂刷墙体一次，涂刷寺院、宫殿墙体时，一些当地的老百姓将牛奶、面粉、白糖等掺于白土浆之中，以表虔诚，使色彩更为鲜亮不褪。

红土：主要用在寺庙的女儿墙以及石墙。拉萨一带的取材处在林周县境内。

灰蓝土：只流行于萨迦派的寺院、民居外墙，其原料亦出自萨迦县一带。

萨迦寺前的青石板地

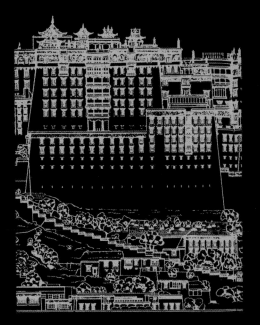

7

第七章 建筑色彩

藏式传统建筑色彩十分丰富,外墙内壁、檐部屋顶、梁柱斗栱、门窗装饰、壁画雕塑等色彩各异,十分鲜明,极富特色。总的说来,在外立面色彩中,白、黄、红、黑四色为藏式传统建筑立面色彩的主色调。

白色是建筑中大量使用的色彩,是一种纯洁之色,吉祥之色。白色是藏族人民在生产生活中大量接触的颜色,生活中的奶是白色的,神圣的雪山是白色的,洁白的羊群是白色的。藏语中的"白"——"尕布",除表达色彩的基本意义外,引申意义多代表吉祥的、纯洁的、忠诚的、正直的意思。如称"心地善良"为"森巴尕布",称"光明圣地"为"却科尔尕布"。藏族人民常把"白"作为善良的代名词,如对行善事或有利于他人的事称为"白事",对直言不讳的公道话称为"白话"。最能说明"白"一词感情色彩的,莫过于藏族的一条谚语:"即使砍头,流出的血也是白的。"用流出白色的血来强调自己的清白无辜,充分表达了藏族人民在心理上赋予"白"一词的崇高境界。白色还是幸运和喜庆的象征,在祈福的宗教仪式中,人们手捏糌粑不停地向空中抛洒,白粉飘落,以示吉祥。拜访贵客,献的是白色的哈达;姑娘出嫁,如遇瑞雪飞扬,则视为美满顺达的吉兆。藏族人民崇拜白色的历史悠久,公元8世纪前,西藏土生土长的"苯教"一直占统治地位,苯教徒穿白衣,戴白色高帽,崇尚白色。虽然经过两个世纪的"佛苯之争",苯教失败,但崇白的习俗却源远流长。所以,在藏式传统建筑中大量采用白色,其寓意是深刻的,也是多方面的。

黄色是一种高贵之色。黄色的用法较为严格,一般用于金顶、宗教器物镏金装饰和寺院、宫殿等重要建筑外墙。藏传佛教格鲁派是西藏佛教影响最大的一个教派,俗称"黄教",特别推崇黄色。黄色是一种活佛袭用的颜色,活佛戴黄帽,穿黄色长袍,坐铺有黄色垫子的活佛椅。那些受过清朝皇帝册封的大活佛,可穿黄马褂,外出时可乘

坐黄缎八抬大轿。在民间，黄色是金子的颜色，非常高贵。在汉族地区，《易经》上说，"天玄而地黄"，在古代阴阳五行学说中，五色配五行和五方位，土居中，故黄色为中央正色。《易经》又说："君子黄中通理，正位居体，美在其中，而畅于四支，发于事业，美之至也。"所以黄色自古以来就是当作居中的正统颜色，为中和之色，居于诸色之上，被认为是最美的颜色。黄色成为皇室的专用色，清朝皇帝穿黄袍，坐黄轿，走黄道，连居住的宫殿也涂以黄色。因此，在重要建筑上使用黄色，既有西藏传统习俗，又有中原文化的影响。

红色是用法限制最多、等级要求较为严格的色彩，一般用于寺院、宫殿和等级较高的重要建筑。在寺院里，红色主要用于护法神殿、灵塔殿和个别重要殿堂，一般喇嘛的住宅禁止使用，只能采用白色或黑色，只有活佛和有学位的喇嘛才准许在其居住的建筑上使用红色。在古代，藏族先民最初的色彩概念，"红"是指肉类；"白"是指乳品。

时至今日，藏族设宴仍分荤席和素席两种，在平常情况下的宴用荤席，藏语称"玛尔炯"，直译为"红宴"；在举行庆典和宗教节日时则设素席，藏语称"尕尔炯"，直译为"白宴"。所以，在藏族的色彩崇拜中，"红"具有杀戮的象征意义。古时吐蕃将士出征时身着红色战袍，有时还把面部涂红以显勇猛和凶悍。因此，供奉煞神的护法神殿的外墙必涂以红色。藏传佛教旧教派——宁玛派俗称"红教"，僧侣均穿戴红色衣帽，推崇红色。随着红色在寺院中的大量使用，以及寺院政治、经济地位的大幅度提升，以致建立政教合一制度，红色又变成了一种专用色，成为权力和等级的象征。

黑色也在建筑立面中大量使用。黑色门窗套是藏式建筑立面色彩的一大特点。门窗套采用黑色在民间说法很多，一是指阎罗王的角是黑色的，二是指魔天鬼神胡须是黑色的，三是指凶悍的护法神是黑色的，故黑色有威严震慑之意，采用黑色门窗套可以避邪驱魔。

第七章 建筑色彩

科加寺百柱殿外墙色彩

林芝喇嘛岭寺外墙色彩

山南桑耶寺外墙色彩

第七章 建筑色彩

日喀则德庆格桑颇章宫外墙色彩

第一节 色彩形式

西藏传统建筑色彩形式有基本构图形式和其他构图形式。基本构图形式的色彩以白、黄、红为主色块，由于地区和习俗不同，在墙面配色上有不同的做法，其主要特点为横向构图（水平构图），色彩效果明快艳丽，粗犷大气。其他构图形式的色彩以灰、蓝、红为主色块，其主要特点为纵向构图，色彩效果既有鲜艳明亮的一面，又有讲究细腻的一面。

在基本色彩构图形式中，不同类型的建筑在色彩使用上有一定规律。民居、庄园、宫殿外墙以白色以主，其中重要建筑有加一些红色边玛墙的做法。寺院外墙以黄色以主，寺中护法殿外墙及边玛墙则涂成红色，而大量的僧舍外墙仍以白色为主。从而形成了建筑等级越低色彩使用越简单，建筑等级越高色彩使用越丰富、变化越大（见西藏传统建筑基本色彩分析表）。

藏式传统建筑基本色彩分析表

护法殿墙				红色
边玛墙　寺院外墙			红色	黄色
门套窗套		黄色	黑色	黑色
多数外墙	白色	白色	白色	白色
建筑类型	民居	民居／庄园	宫殿	寺院
建筑等级	一般　比较重要　重要			

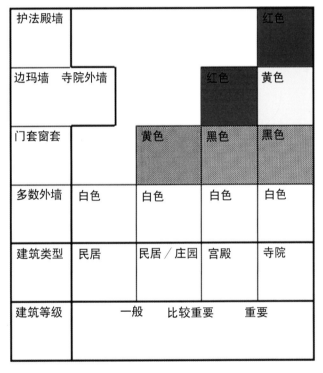

注：比较重要的庄园建筑也做红色边玛墙。僧舍为白色外墙，寺院多数建筑及院墙为黄色外墙。

一、基本色彩构图形式

基本构图形式，在西藏多数地区使用，也称主流形式。白、黄、红为主色块，色彩效果明快艳丽，粗犷大气。在墙面配色上不同地区有不同的做法，但变化不大。基本构图形式的主要特点为横向构图。

色彩基本构图形式之一

色彩基本构图形式之二

色彩基本构图形式之三

藏式建筑的色彩

二、其他构图形式

其他构图形式也称支流形式，在西藏部分地区使用，使用色彩以灰、蓝、红为主。色彩效果有鲜艳明亮一面，又有讲究细腻的一面。其他构图形式的主要特点为纵向构图。

色彩其他构图形式之一

色彩其他构图形式之二

色彩其他构图形式之三

藏式建筑色彩构图形式

第二节　宫殿建筑的色彩

在西藏的历史中，宗教一直广泛地影响着人民的社会生活。早期为本教，后期为佛教，西藏的宫殿建筑带有很强的宗教色彩，形成了特有的政教合一式的宫殿建筑。宫殿建筑的色彩以红、白二色为主，色彩对比十分强烈。白色的墙体，赭红色的边玛草檐部，在西藏蔚蓝色的天空下显得特别雄伟、壮观。藏传佛教格鲁派崛起于15世纪，在清朝时期占统治地位。该教俗称"黄教"，穿戴黄色衣帽，崇尚黄色，在后期的宫殿扩建和维修中，加盖了许多佛殿佛堂，增加了不少黄色。

一、布达拉宫外墙色彩

布达拉宫是世界历史文化遗产，是西藏自治区标志性建筑，是藏族建筑艺术成就与文化艺术繁荣的象征。布达拉宫主要由白宫、红宫组成，白宫以白色调为主，红宫以红色调为主。从建筑的整体效果看，底部大面积墙体为白色，上中部局部墙体及檐口部分为红色，顶部为金黄色。在蓝天白云之下，布达拉宫红、白、黄的色彩构成了艳丽和庄重的色彩效果，使布达拉宫更显得辉煌、壮观（图7-1，图7-2）。

二、雍布拉康外墙色彩

雍布拉康为西藏最早的宫殿，始建于公元前二世纪，为芷"经书莫早于邦贡恰如，农田莫早于索当，房屋莫早于雍布拉康，国王莫早于聂赤赞普"的"四个第一"之一。现在的雍布拉康的色彩以红、白、黄为主，灰色的台阶，白色的墙体，红色的檐口，黄色的四角攒尖式金顶，在扎西次日山上显得特别壮观，十分漂亮。早期的雍布拉康并不是现在的色彩，早期的雍布拉康仅有碉楼等少量建筑，后来松赞干布时期加了两层楼的殿堂，五世达赖喇嘛时期加了金顶，至此形成了现在红、白、黄为主的三色色彩（图7-3）。

布达拉宫外墙色彩

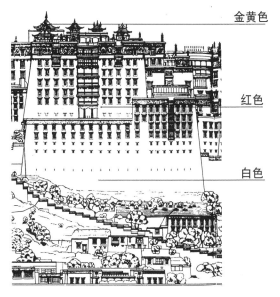

图 7-1　布达拉宫南立面色彩搭配图

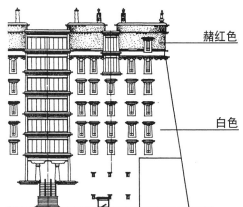

图 7-2　布达拉宫红宫入口色彩搭配图

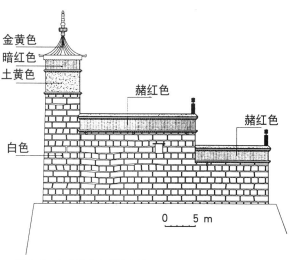

图 7-3　雍布拉康色彩搭配图

第三节　民居建筑的色彩

　　藏式传统建筑民居比较简单和朴素，色彩装饰不是很多。外墙色彩或以白色为主，或为当地墙材自然色彩。经济条件好的居民刷涂矿物涂料，大部分地区以白色为主．部分地区采用其他颜色，如萨迦县民居外墙以蓝灰色为主，曲松县民居外墙以土黄色为主。根据檐部色彩的不同，有以下几种形式。

一、黑色檐部民居

　　檐部采用黑色的民居是西藏境内分布最为广泛的一种民居，在拉萨、山南地区、日喀则地区最为普遍。这类民居色彩搭配为：檐部黑色，墙体一般为白色或灰色，窗套采用黑色（图7-4，图7-5）。

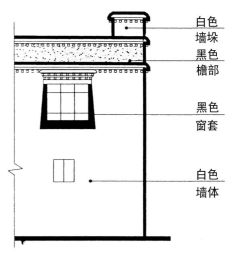

白色
墙垛

黑色
檐部

黑色
窗套

白色
墙体

图7-4　日喀则求米乡民居色彩搭配

日喀则求米乡民居黑色檐口

二、白色檐部民居

檐部采用白色的民居在山南地区分布较多，这类民居色彩搭配为：檐部为白色，墙体一般为灰色或土黄色，窗套采用黑色。扎囊县敏珠林乡附近的民居，采用灰色的毛石墙体，白色的檐口，十分有特点。曲松县堆水乡一带的民居依山而建，土黄色墙体，十分漂亮（图7-6～图7-8）。

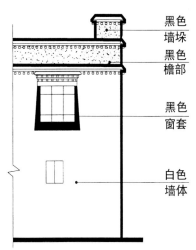

黑色墙垛

黑色檐部

黑色窗套

白色墙体

图7-5 桑日县绒乡民居色彩搭配图

曲松县堆水乡民居白色檐口

扎囊县敏珠林乡民居白色檐口

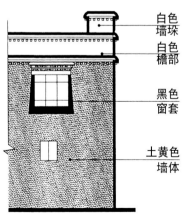

图 7-6 曲松县堆水乡民居色彩搭配

白色墙垛
白色檐部
黑色窗套
土黄色墙体

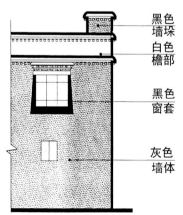

图 7-7 扎囊县敏珠林乡民居色彩搭配

黑色墙垛
白色檐部
黑色窗套
灰色墙体

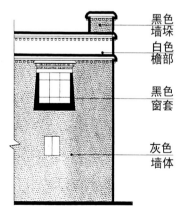

图 7-8 萨迦县民居色彩搭配图

黑色墙垛
白色檐部
黑色窗套
灰色墙体

三、红色檐部民居

　　民居在檐部使用赭红色是民主改革以后承袭
藏式传统建筑的做法。一般色彩搭配为：檐部红
色，墙体白色，窗套采用黑色（图7-9）。

红色檐口

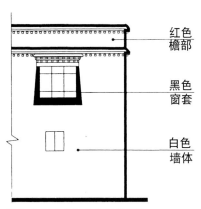

红色
檐部

黑色
窗套

白色
墙体

图7-9 日土县民居色彩搭配图

萨迦县民居

四、其他色彩民居

西藏传统建筑民居外墙色彩十分丰富，根据所用材质的不同，显示出不同的色彩。除上述外墙以白色或灰色为主，檐部涂以黑色、红色和白色外，日喀则地区萨迦县城一带的民居外墙土取自附近的奔波山，呈蓝灰色，加上受萨迦派的影响，外墙涂成红、白、蓝三色相间，色彩十分鲜明。阿里地区很多民居直接保持墙体材料本色，檐口涂以蓝、黄、红三色，形成三色线条或色带。十分古朴。琼结县民居檐部颜色黑白相间，独具特色（图7-10，图7-11）。

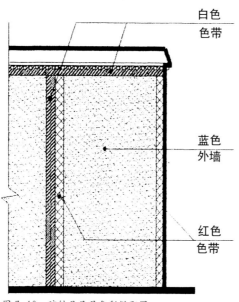

图7-10　琼结县民居色彩搭配图

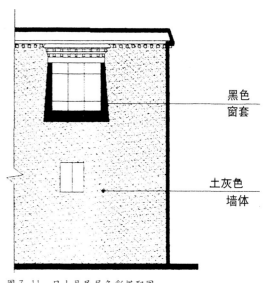

图7-11　日土县民居色彩搭配图

萨迦县民居

加查县加查镇民居

第七章 建筑色彩

第四节　庄园建筑的色彩

　　庄园建筑的墙体以白色为主，高等级的庄园建筑设有赭红色边玛墙，一般的庄园建筑刷涂红色檐墙，廊柱的色彩以红色为主，配以暖色或冷色基调彩绘。朗赛林庄园位于扎囊县，墙体为干砌石墙，面刷白色，檐口为赭红色边玛檐墙，梯形黑色窗套，是庄园建筑色彩运用的典型代表（图7-12，图7-13）。

桑日县鲁定颇章外墙色彩

赭红色
边玛墙

黑色
窗套

白色
墙体

图 7-12 朗赛林庄园色彩搭配图

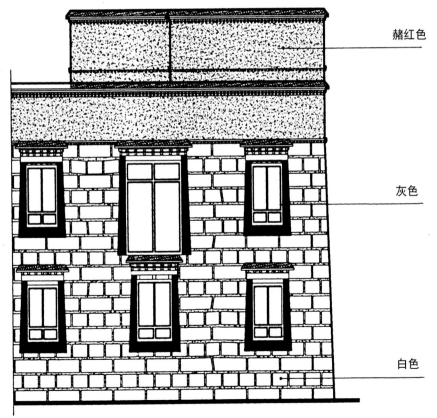

赭红色

灰色

白色

图 7-13 桑日县鲁定颇章庄园色彩搭配

第七章
建筑色彩

第五节　寺院建筑的色彩

宗教在藏族人民的生活中一直处于重要地位，寺院是现存数量最多，色彩最为丰富的藏式传统建筑。寺院建筑的色彩以红、白、黄为主。红色一般用于护法神殿、灵塔殿的外墙和重要殿堂檐部；黄色一般用于重要殿堂和寺院围墙或金顶；白色一般用于僧舍建筑。

寺院建筑根据教义和教派的不同，在外立面的用色上稍有差别。宁玛派、萨迦派、噶举派、格鲁派是藏传佛教的四大教派，寺院众多。"宁玛派"即旧教派，是最早传入西藏并吸收了西藏苯教的一些内容而形成的一个教派。该派僧人均戴红帽，俗称"红教"，推崇红色，在建筑立面上偏爱红色。"萨迦派"因主寺建在后藏萨迦县而得名，俗称"花教"，该派一部分寺院常用红、蓝、白三色相间涂墙，立面用色个性十分鲜明。"噶举派"注重密法，多以口语传徒，要求耳听心会。相传该派原祖玛尔巴、米拉日巴等人修法时穿白色僧衣，故俗称"白教"，在建筑立面上多用黑白二色。"格鲁派"是西藏佛教中最大的一个教派，以教阶严格、戒律严明和教义完备著称。该派上层僧侣均穿戴黄色衣帽，俗称"黄教"，在该派的寺院建筑中多用黄色。

萨迦南寺主殿外墙色彩

一、宁玛派寺院

敏珠林寺始建于公元10世纪，是宁玛派的重要寺院。祖拉康是敏珠林寺的主要佛殿，它的色彩搭配为：檐部红色，墙体（干砌石）灰色，窗套黑色(图7—14)。

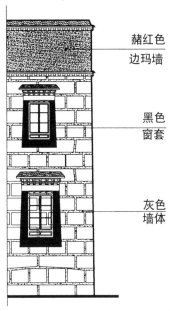

赭红色
边玛墙

黑色
窗套

灰色
墙体

图7—14 敏珠林寺祖拉康色彩搭配图

敏珠林寺祖拉康

第七章 建筑色彩

萨迦南寺

二、萨迦派寺院

　　萨迦派俗称"花教"，寺院建筑以用色丰富而著称。萨迦寺为萨迦派主寺，位于日喀则萨迦县境内。该寺分为南北两寺，北寺建于公元1073年，大部分已毁，南寺建于1268年，外形方整，主体气势宏大，十分壮观。萨迦寺的色彩十分有个性，红色的边玛墙檐口和墙体，中部点缀白色带，充分体现了"花教"的特点（图7-15）。

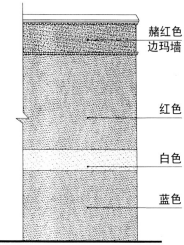

赭红色
边玛墙

红色

白色

蓝色

图7-15　萨迦南寺色彩搭配图

萨迦南寺

三、噶举派寺院

达拉岗布寺是达布噶举派的祖寺，位于山南地区加查县加查镇岗布山上，由噶举派尊师米拉日巴的大弟子达布拉吉于公元1121年创建。该寺建筑规模宏大，分为上林和下林，大部分建筑在文革中被毁，现在仅存曲康大殿。该寺曲康大殿墙体为干砌石墙，面刷白色，檐口为赭红色边玛檐墙，梯形黑色窗套，下部配以金黄色转经筒，形成了红顶，白墙，黑色窗套的风格(图7-16)。

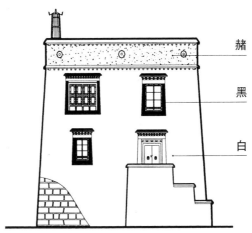

赭

黑

白

图7-16　达拉岗布寺曲康大殿色彩搭配图

达拉岗布寺曲康大殿

四、格鲁派寺院

格鲁派是藏传佛教最大的一个教派，寺院规模大小各异，但在色彩的用法上却大致相同。格鲁派寺院建筑的主色彩是红、黄、白三色，黄色用量比其他派别寺院多。纳塘寺是格鲁派在后藏地区的重要寺院，其主殿墙体的色彩采用了较为高贵的黄色，色彩搭配为：檐部赭红色，墙体土黄色，窗套黑色（图7-17）。

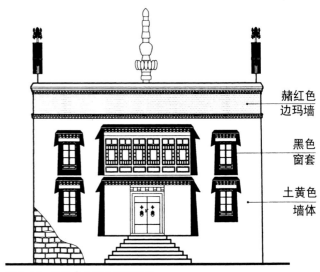

赭红色
边玛墙

黑色
窗套

土黄色
墙体

图7-17 纳塘寺主殿色彩搭配图

纳塘寺

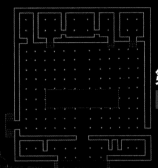

第八章 用词解释

第一部分

卡若遗址：位于西藏自治区昌都县卡若村，首次发现于1978年8月。卡若遗址至今有4000多年历史，属新石器时代的古人类文化遗址。遗址总面积约1800平方米，房屋基址31座、窑穴1处、石墙3段、灰坑4处、圆石台2座。出土有各种打制石器、细石器和磨制石器等，总计7968件。

青瓦达孜："青瓦达孜宫"位于西藏琼结县。据史料记载，叶蕃第九代赞普布迪坚到第十五代赞普伊肖勒，曾先后在琼结县修建了达孜、桂孜、楞孜、赤孜、孜母琼洁、赤孜邦都六个王宫，统称"青瓦达孜宫"。青瓦达孜宫位于山顶至山的中下部，地势险要，古城墙和城堡形似大鹏和斑虎腾空玩耍嬉戏，故青瓦达孜在藏语中还有大鹏与斑虎玩耍之意。

聂赤赞普：聂赤赞普是西藏历史上的第一位藏王。据传说他是从天而降，落于雍布拉康山上，由当地牧人背回部落中推举为王。藏语中，"聂"是"脖"的意思，"赤"是"宝座"，聂赤赞普意为骑在脖子上的王。"赞普"有"英武之王"之意。西藏历史上把历代藏王称之为赞普。

叶蕃：据文献记载，吐蕃王朝始于公元前3世纪，即第一代赞普聂赤赞普时期。公元7世纪，叶蕃王朝第三十三代赞普松赞干布统一西藏，使吐蕃王朝达到顶盛。公元9世纪中叶，吐蕃王朝终结，从鼎盛到衰败历时300年左右。松赞干布大力发展农牧业和手工业，完善军事、政治制度和各级职官制度，制定法律，统一度量衡制，引入佛教、创立藏文文字体系，采取与唐朝联姻政策。所有这些都促进了吐蕃与中原地区的友好往来，和吐蕃经济社会的进步，使吐蕃政权进一步巩固强大，给吐蕃社会带来深刻影响，成为西藏社会发展的重要历史时期之一。

罗刹魔女：佛教认为罗刹女是女魔，具有巨大魔力。相传文成公主曾卜测西藏大地正处在罗刹女魔的身体之上，而只有用寺院、佛塔等佛陀法力才能压镇魔力，确保一方平安。

由旬：旧时印度佛教的距离单位。一个由旬相当于20万千米。

藏传佛教：吐蕃时期，天竺(今印度)和中原地区的小乘佛教与大乘佛教传入西藏地区，并吸收了当地苯教的一些宗教思想和仪轨，逐渐形成了藏传佛教。藏传佛教的特点是显、密两宗密切结合。除显宗要求皈依佛、法、僧三宝外，密宗还要接受灌顶，特别强调皈依佛门。藏传佛教的另一重要特点是实行活佛转世制度。

碉房：过去中原地区多称藏式建筑民居为碉房，多为石木结构建筑，外形端庄稳固，风格古朴粗犷。碉房一般有两层，以柱计算房间数。有几根柱就有几间房。底层为牲畜圈或储藏室，层高较低；二层为居住室，大间兼有客厅、卧室、厨房之功能，小间为储藏室或楼梯间。若有第三层则多作经堂和晒台之用。碉房坚实稳固，结构严密，楼角整齐，既利于防风避寒，又便于御敌防盗。

三大领主：旧西藏为封建农奴制社会，地方政府的官家、世袭贵族和寺院的活佛等上层僧人是骑在广大农奴身上的三大领主。

香炉：焚烧香料(草)的器物，有金属器物也有陶制器物，形如瓶子，常置于寺院或民居之院内或屋顶。

甲大希雄：指在藏历铁虎年间，旧西藏嘎厦政府组织的对各庄园资产的一次清查。

第二部分

摄政：达赖喇嘛圆寂后，新的转世灵童主持政教事务之前，从大活佛中选出的临时掌管西藏政教事务的官员，称摄政王。

班禅喇嘛：公元1713年，清康熙皇帝敕封五辈班禅罗桑意希为"班禅额尔德尼"，并赐金册、金印。班禅额尔德尼的称号和班禅在西藏的政教地位从此确定下来。"班禅"意为精通佛学五明之大师，蒙古语，"圣者"之意，也是对睿智英武人物的尊称。"额尔德尼"，满语意为"宝"。班禅额尔德尼与达赖喇嘛同是藏传佛教格鲁派两大转世界体系之一。18世纪，西藏地方出现两个政教合一的地方政权。一个是以达赖喇嘛为首的噶厦地方政府；一个是以班禅喇嘛以首的堪布会议厅，简称堪厅。两者都归清朝政府领导。班禅喇嘛驻跸地在后藏日喀则扎什伦布寺。

达赖喇嘛：达赖一词出自蒙语，藏语为"嘉措"，嘉措汉译为"大海"。1653年(清顺治十年)，清顺治皇帝敕封五辈达赖喇嘛罗桑嘉措金册金印，封为"西天大善自在佛所领天下释教普通瓦赤喇怛喇达赖喇嘛"。自此，达赖喇嘛的封号和其在西藏地方的政教地位遂正式被确定下来。以后历辈达赖喇嘛都必须经过中央政府的册封遂成为制度，清朝政府对达赖喇嘛之册封，确定了清朝在西藏地方的主权关系。达赖喇嘛驻跸地在前藏拉萨布达拉宫。

噶雪：全称"噶厦雪仲"。旧西藏噶厦政府下属的秘书机构的成员，主要负责协助处理宗教事务。

噶厦：噶厦为藏语音译，指旧西藏地方政府，建于清乾隆十六年(公元1751年)，清中央政府任命四名噶伦(一僧三俗)主持噶厦政务。噶伦为清代三品官，大多由西藏大贵族充任。

法王洞：法王洞(曲吉卓布)建于公元7世纪，是一座岩洞式佛堂，位于布达拉宫红山的最高点，也是布达拉宫最古老的建筑。洞内有松赞干布、文成公主、尼泊尔尺尊公主等历史人物塑像。佛堂后面有一小白塔，它恰好处于布达拉宫的中央位置上。

颇 章：意为宫殿或王宫。有时亦用以称呼国王，同汉语的陛下、殿下同意。

古格王国：位于今阿里地区扎达县境内。古格王国由吐蕃王室后裔创建于公元10世纪前后，曾辉煌一时。17世纪中叶古格王国被拉达克王国灭亡，后逐步废弃荒芜。目前除白殿、红殿等5座建筑保存完整外，其他房屋建筑都已塌毁，屋顶皆无，仅存残墙断壁。

拉 萨：西藏自治区有七个地市级行政单位，其中有六个地区一个市，其中的市即拉萨市。拉萨是西藏自治区的首府，也是西藏自治区的政治、经济、文化中心。拉萨古称逻些、逻娑，藏文意为"羊土"、"山羊地"。相传古时拉萨曾是一片荒芜的沼泽湖泊，文成公主进藏初建大昭寺时曾用山羊负土填平而得名。公元7世纪，叶蕃赞普松赞干布平定反叛的苏毗等部落，建立了统一的吐蕃王朝后，即将首都从山南地区的雅隆迁都到逻些。由于当时"藏王具有权威，人民安居乐业，宗教繁荣昌盛，犹如仙境移至人间"，故将逻些改名"拉萨"，其藏语意为"圣地"。拉萨建城距今已有1368年的历史。

日喀则：日喀则为西藏自治区六个地区之一，位于西藏自治区中南部。南与尼泊尔、不丹、锡金三国接壤，西衔阿里，北靠那曲，东邻拉萨与山南，在雅鲁藏布江与年楚河交汇处，是一座具有500多年历史的后藏古城。西藏历史上称日喀则地区为"后藏"，旧时属于"卫藏"中的"藏"地。历代班禅大师的驻跸地就在此。1952年曾在中央政府的支持下设立班禅堪布会议厅，1960年成立日喀则地区公署。日喀则平均海拔为4000m，总面积18万平方公里。

山 南：山南为西藏自治区六个地区之一，因位于念青唐古拉山脉南部而得名。南以嘉马拉雅山脉东段和布拉马普特拉河谷为界，与不丹、印度接壤；东以西巴霞曲为界，与林芝地区为邻；北以郭喀拉日居山为界，与拉萨市相接；西连日喀则地区。总面积49080平方公里，人口约有25万，平均海拔为3600m。

那 曲：那曲为西藏自治区六个地区之一，位于青藏高原腹地，地处西藏北部的唐古拉山脉、念青唐古拉山脉和冈底斯山脉之间。西北与我国新疆维吾尔自治区接壤，东北与青海省为邻，南为日喀则地区和拉萨市，西为阿里地区，东是昌都地区。总面积40多万平方公里，占西藏自治区总面积的三分之一，平均海拔4500m以上。地区内有"那曲"河，因此得名，藏文有"黑河"或"黑水"之意。

林 芝：林芝为西藏自治区六个地区之一，位于西藏自治区东南部。北是念青唐古拉山，南是喜马拉雅山东段，东是横断山。雅鲁藏布江及其支流从中部由西南向东北，折向南流入印度。北邻那曲地区，西接拉萨和山南地区，东与昌教地区、云南省毗邻，南与印度、缅甸接壤。幅员面积99,714平方公里，平均海拔3000m左右。林芝藏语含义为"娘氏"家族的宝瓶。

阿 里：阿里为西藏自治区六个地区之一，位于西藏自治区西北部，北邻新疆维吾尔自治区、东接西藏自治区那曲地区、东南为西藏自治区日喀则地区，西和南分别与克什米尔地区、印度和尼泊尔接壤。阿里人口7万，面积303720平方公里。平均海拔4700m。

昌 都：昌都为西藏自治区六个地区之一，位于西藏东部，地处横断山脉的金沙江、澜沧江、怒江流域。东邻四川省、云南省，西邻那曲地区，南邻林芝地区，北邻青海省，是西藏通往祖国内地的重要门户。面积10.86万平方公里，全地区平均海拔在3500m以上。昌都藏语意为"水回合口处"。

庄 园：庄园为世袭领地，不仅指庄园内的房屋，而且包括了庄园所辖范围内的土地、房屋、农奴、家奴等生产和生活资料。庄园建筑一般供庄园主生活所用，也兼有一定的生产和防御功能。旧西藏庄园为三大领主所拥有。

措钦大殿：指钦大殿是寺院中规模最大和最重要的建筑，在措钦大殿中供奉佛陀和教派的主要佛像，也是寺院僧众集体诵经的地方。

拉 康：指小寺庙或小神庙，平时没有僧人定居的寺庙。在西藏自治区洛扎县南部地方，地名为拉康。

札 仓：指寺院组织中的一级组织，寺院由若干个札仓和札仓下若干个康村组成。札仓也是寺院中的经学院，札仓建筑是寺院建筑中的重要建筑。

荣 康：指净厨，香积厨，也指僧众食物依戒律可以存放一日的房间。

堪 布：指寺院或经学院的主持人。

度 母：藏传佛教中指佛母，也指女性佛或菩萨。传说为观音化身的救苦救难菩萨，共为二十一相，以颜色区分，有白度母、绿度母等，西藏地方僧众有称文成公主为白度母习惯。

坛 城：藏语吉廓，梵文译音"曼陀罗"，其意译作坛、坛城、轮圆、本尊坛城。原是佛教徒修法时安置佛、菩萨像的坛场，后以立体模型或绘制平面图代替。

曼陀罗：对于修行僧人，它是"观想"的对象，可通过曼陀罗达到精神世界与神灵的沟通，从而达到大彻大悟的境界。

拉 章：在寺院中，也有在寺院外，专门修建供转世活佛居住的殿堂。

宗：藏语意为寨堡或城堡。原为西藏地方政府的一级地方行政机构，相当于县，设宗本（县长）一至二人，僧俗并用，堂管全宗粮赋、差税等行政事务。

第三部分

琉璃瓦：产自中原地区，琉璃瓦在西藏地区建筑上的使用，是藏汉人民之间友好交流的历史见证。

手抓弧形纹：西藏有些地方在砌好的土坯墙面上，用黄泥抹平的同时五个手指头在墙面上留下彩虹形的纹路，这种纹路除起到防止雨水冲刷墙面作用外，还有一定的美观和装饰效果。

碉楼：在工布江达县等地可以看到耸立擎天的青灰色碉楼，由毛石砌筑，高一、二十米，类似古代风火台，燃放烟雾传递信息。碉楼建筑构成了西藏传统建筑艺术的又一道风景线。

堆经：指一种门框或窗框上的建筑装饰形式，在木框上雕刻出堆砌的小方格，再涂以色彩，形似松树的松子，故又称松格门框。

夏帐：夏帐是指专门供夏天游牧居民使用的帐篷。因夏天需要清凉而遮挡阳光，故夏帐一般为白色，布料制作，帐房平面一般为矩形，用立柱支撑。

冬帐：冬帐是指专门为冬季游牧居民使用的帐篷。因冬季气候寒冷，冬帐一般用牦牛毛织成，也称牦牛帐。帐布较厚重，有比较好的保温效果。冬帐净高只有 1.6m～1.9m，帐内设置简单。

"寿"字符：取汉字中的"寿"字，有平和、吉祥之意。寿字符多用于寺院或宫殿的门帘上。

第四部分

边玛墙：是西藏传统建筑主要特色之一。"边玛"是柽柳的藏语名称，墙体由晒干后的柽柳支堆砌而成。将柽柳枝剥皮晒干，用细牛皮绳捆扎成直径为0.05～0.1m的小束。每束一般长0.25～0.3m，最长的有0.5m，小束之间用木签穿插，连成大捆。然后将截面朝外堆砌在墙的外壁上，并用木锤敲打平整，压紧密实，内壁仍砌筑块石。一般柽柳与块石各占墙体一半，用碎石和黏土填实柽柳和块石之间的空隙。最后，用红土、牛胶、树胶等熬制的粉浆，将枝条涂成赭红色。目的是起保温隔热和装饰作用。

收分墙：是藏式传统建筑的典型特色之一。工匠们砌筑的石料墙体，墙体的基础宽大，上部外墙逐渐向内收分，一般角度为6°～7°（比例为1／10～1／60），内部保持垂直。目的是使整个建筑的重心降低，提高抗震能力，增强建筑物的稳定性。

摩揭鱼：古传说中的一种鱼，具有活力。摩揭鱼图案常用在寺院的屋顶装饰。

马厩：养马、拴马的场院或房子。

金刚橛：金刚橛是指密宗降魔镇妖的法器之一。在修行密宗时，将金刚橛插于坛城四隅，使坛城坚固如同金刚，诸障无法侵扰。也指古印度的一种兵器名。

第五部分

世界屋脊：青藏高原为地球新生地带，有喜玛拉雅、岗底斯、念青唐古拉山脉围绕，平均海拔4200m，空气稀薄，高寒缺氧，被称为世界屋脊、地球的第三极（南极、北极）。

菩萨：菩萨是修持六度，求无上菩提利益众生，于未来成就佛果的修行者。

十方佛：意为四方、四面、天地之佛。

飞天乐伎：指十六供养奉天女，四方之十六天女之乐伎。如：东方的琵琶天女、横笛天女、扁鼓天女、腰鼓天女等之乐伎。

神龛：指有佛像、佛经和佛塔的神殿和堂室。亦指安放佛经的方格木架。

梵文：一般指公元前四世纪印度的书面语言，现存有丰富的文献。生活中已经很少使用。相传释迦牟尼往趋喜足天时，曾用此语向煦诸天说法，故亦名天语或善构语。

祥麟法轮：祥麟法轮为藏传佛教法器之一，常放置于寺院主殿之上，左右分别为牝牧祥麟，中为法轮。祥麟奉行释加牟尼教法的世间一切不正确的见解都被摧毁，劝告人们一心修行向善。法轮是佛法威力无边，可以摧毁所有罪恶。

鳌头：传说中的神话动物。常嵌装在寺院建筑的歇山式金瓦殿的屋顶四角，有装饰作用。

护法神：护法神是指由释迦牟尼佛或其它高僧大德所收服的，立誓顺从佛法、护卫佛法的神灵。不仅要护法，还要护卫修习奉行佛法的人们，使其免受内外灾害。

四季花：指桃花、柳枝、香果和绿竹，依次为代表春、夏、秋、冬的花木。四季花图案常用的是西藏传统建筑之木雕。

狗鼻纹：狗鼻纹是模仿狗鼻形状，常用的彩绘技艺中，是一种常见的装饰艺术形式，有祝愿吉祥之意。

八吉祥图：藏语称"扎西达杰"，是象征吉祥的八种图案。即，宝伞、金鱼、宝瓶、莲花、白海螺、吉祥结、胜利幢和金轮。常以石雕、木雕和铜雕、绘彩等形式装饰于建筑墙壁、屋脊、内外檐口等处，也用于佛座子的供品。

七政宝图：七政宝图是指金轮宝、神珠宝、玉女宝、臣相宝、白象宝、绀马宝和将军宝。是佛经中所说的古代轮王统治时代国力强盛，天下安泰的标志。是绘画、雕刻艺术作品中常见的图案。

八瑞物：藏民族把镜子、奶酪、长寿茅草、木瓜、右旋海螺、牛黄、黄丹和白芥子这八种物当成吉祥品。八端物的名字来源于释迦牟尼出家后、苦行六年里神仙送给他的物品，从那以后，人们将表示祝愿吉祥的上述八种东西就叫"八端吉祥物"。

人皮画：是藏式绘画的一种内容。通常有人物的腿、手臂等部位。

大象房：饲养大象的房子。

火焰掌：藏传佛教中密宗修炼的手法之一。

太极图：藏式建筑柱头上的雕饰之一。不同的太极图有不同的意思和特征，两种颜色的表示智慧和方式，三种颜色表示三士（上士、中士、下士），四种颜色表示四喜（喜、胜喜、殊胜喜、具胜喜）。

五妙欲：西藏传统建筑的装饰图案。主要指：眼通过镜子看见美丽的形体，耳通过乐器听见美妙的音乐，舌尝到鲜美而富有营养的食品，触觉器官感受到的柔滑触或粗涩触表示为福禄寿，鼻腔通过海螺感到香觉。

五轮塔：五轮为地、水、火、风和空五大之行。有方、圆、三角、半月和无形等五种。

卡垫：西藏传统建筑屋内必备用具，长1.8m左右，宽0.9m左右，厚0.08m左右，铺垫于地上或床架上，供会客盘坐或夜晚睡觉使用。

田鸡腿：打夯的抬板木。

龙王潭：指布达拉宫后面的湖泊及龙王宫所组成的园林。

格鲁派：格鲁派是在噶当派的理论基础上发展起来的，也是西藏佛教派中最后兴起的一个教派，是目前西藏佛教派中最大的一个教派。俗称黄教。

萨迦派：藏式佛教的教派之一。萨迦派的创始人贡觉杰布是西藏原始六氏之列"昆"氏的后裔。信教者主要分布在日喀则萨迦县。俗称花教。

宁玛派：藏传佛教最早的教派，称旧派，俗称红教。

噶举派：藏传佛教教派之一，发源于达布地区，亦称达布噶举派，俗称白教。

地牛：打夯抬板的木杆。

地龙墙：用作藏式山体建筑的基础部位，主要为竖向布置，以外墙横向连接，如果进深较大，也在一定的距离内设置横向墙，墙体依据整个建筑的高度和地质情况等需要确定厚度。地龙墙的作用是作为基础和抬高整体建筑。

交杵金刚：藏式传统建筑的一种装饰画，象征众生从痛苦中和贪恋中解脱出来并过上幸福生活。主要有四种颜色：白色象征病难和烦恼都能过去，黄色象征能繁荣昌盛，红色象征众生能丰衣足食，绿色象征能阻止一切痛苦和危难。莆逷有驱邪避凶、祝愿吉祥之意。

经幢：圆桶状，上印或刻有经文等，分布制和铜皮制两种。象征着佛法坚固不衰、战胜邪门歪道、蓬勃发展之意，常置于屋顶。

法轮：像征佛法的轮子图案。佛祖说法，佛以涅槃、因果及其体性，三者随一之说，犹如转轮王之宝轮，能摧异类，故名法轮，如车轮辗转不停。

宝伞：佛教器物，如伞状。据说能消除众生的贪、嗔、痴、慢、疑五毒。

盘长：形如内地的吉祥结。无头无尾。像征团结、和睦、祥和之意。

金鱼：又称高原鱼，翅如绿玉，圆眼放明亮光，有抛弃无明，智慧无限之意。

法螺：取自海中白色且右旋海螺，代表和平纯洁之意，在寺院佛事活动中可以有吹号之用。

莲花：取生于尘世间，却不为世俗所染之意，也称妙莲。

宝瓶：形如瓶状。标志着聚满千万甘露、包罗善业智慧、满足众生愿望。

佛陀：指佛教祖师释迦牟尼。

法铃：宗教活动中使用的铃铛。

宝塔：宗教建筑，遍布西藏的各种佛塔。

金鹿：铜制双鹿，表示众生向往佛法。

苯教：西藏本地的古老宗教。在佛教传入西藏之前占据主导地位。苯教以崇拜自然为主要特点，认识万物皆有神灵。

朗生：封建农奴主在家里或庄园内使用的奴隶，亦称家奴。

夏宫：达赖喇嘛等大活佛夏天居住之宫殿，称夏宫。如位于拉萨的罗布林卡。

格鲁派：藏传佛教的教派之一，宗喀巴为格鲁派创始人。俗称黄教。

唐卡画：藏式轴画。作画时把各种颜色之矿物质，先磨成细粉，加当地粘合剂后作画。因使用矿物质作画，色泽艳丽，历久不会退色。

密宗本尊：即修行者选定自己所尊敬的密宗佛。

噶当：以语教为主的传教方法，由阿底峡大师所倡导。

氆氇：指西藏地方手工艺品，是羊毛纯手工制作而形成的毛料。

壁画：绘在墙面的画。西藏传统建筑壁画题材十分广泛，有历史事件、人物传记、宗教教义、西藏风土、民间传说、神话故事等等，涉及政治、经济、历史、宗教、文艺、社会生活各个方面。壁画是西藏传统建筑装饰主要手法之一。

大鹏：大鹏传说中的鸟，具有法力，常用于寺院屋顶装饰。

缺扎：藏文译名，指专门的建筑装饰方式。外层按照一定的规律排列，在木料上（如门框或窗框）雕刻堆砌的小方格，组成凹凸图案。"缺扎"汉语也译成"堆经"。

吉祥结：也称盘长，俗称"万字不断"，组织成盘曲的、没有开头和结尾的图案，用它来表示佛教法回环贯彻、吉祥长久。

万字符：源于西藏本地早期的宗教－苯教。苯教对自然界的万物充满崇拜和敬仰。万字符是苯教基本的和常用的宗教符号，代表了天地万物。其形式如右图

四大天王：常在寺院殿门抱厦左右绘塑的重要画像，即持国天王、增长天王、广目天王和多闻天王。四大天王住须弥山腰，是镇守四方的神将，有摧邪辅正、护法安僧的作用。

玛尼石：藏传佛教信徒在石块或石片上刻有六字真言或神佛造像，称玛尼石。大大小小的玛尼石在雪域高原上随处可见，常置于寺前、村口、道旁，由于信徒不断往上添加新的玛尼石，日久成堆，也称玛尼堆。

六字真言：指梵语，音译为"翁嘛呢叭咪吽"。六字真言也指观音菩萨的名咒。据说其语义代表了佛经的全部理念，故在信教群众口中常念六字真言。

八思巴：八思巴洛追坚赞，简称八思巴，藏传佛教萨迦派创始人之一，是西藏历史上赫赫有名的政教人物。公元1260年被元朝皇帝忽必烈封为国师，并负责西藏地区行政事务。

米拉日巴：米拉日巴（公元1040～1123年）是藏传佛教历史上的一位重要人物。他出生在阿里贡塘，七岁丧父，受伯父欺凌，先去藏绒地方学咒术，复仇之后，于公元1077年投到噶举派玛尔巴门下，经过六年零八个月的修行磨练，学到了拙火功。米拉日巴在藏传佛教中是弃恶从善的代表人物，对弘扬藏传佛教发挥过重要作用。

宗喀巴：宗喀巴（公元1357～1419年）为藏传佛教最大派系格鲁派，亦称"黄教"的创始人和祖师，本名洛桑扎巴，生于青海湟中。藏语称湟中一带为宗喀，故尊称为宗喀巴。

莲花生：莲花生印度高僧，于公元761年前后，应藏王赤松德赞之邀来藏传授佛教，弘扬密法。相传他入藏后，以密宗法术收服了当地苯教神祇，并参与了桑耶寺的建设。

阿底峡：阿底峡（公元982～1054年）是克什米尔（今孟加拉）人。于1042年从尼泊尔至阿里，后来到卫藏等地译经授徒。其弟子仲敦巴弘扬其学说，创立了西藏佛教中的噶当派。

松赞干布：松赞干布（公元617～650年），是西藏历史上正直严明、智慧深远之君王。《唐书》记作弃宗弄赞或弃苏农，系囊日松赞之子，在吐蕃王朝世系中为第三十三代王。在位期间，统一吐蕃，创立文字，开始译经，发展生产，功勋卓著，并开始建宫室于拉萨的布达拉宫。

赤松德赞：赤松德赞为金成公主之子（公元755～797年在位），年幼继位，成年后大力扶植佛教。他先派尼塞朗等人到长安去迎请汉僧和曲靖，后从尼泊尔和古印度请来了佛教大师寂护和莲花生，兴建桑耶寺，让贵族子弟出家为僧，对佛教在西藏的发展起了推动作用。

赤热巴巾：赤热巴巾是西藏三代法王之一。

文成公主：唐贞观15年（公元641年）唐太宗以宗室女文成公主，许嫁吐蕃赞普松赞干布。文成公主知书识礼，博学多才，笃信佛教，曾奉释迦牟尼雕像一尊入藏，在拉萨建神殿供养（今在大昭寺）。通过文成公主的和亲，造酒、碾磨、纸墨、纺织等方面的先进技术大量传入吐蕃，吐蕃也送贵族子弟到长安入国学读书。这对加强吐蕃与中原地区经济、文化交流和藏汉人民之间的友谊发挥了重要作用。千余年来，藏族民间对文成公主的事迹家传户颂，寓寄深厚的感情和怀念，并为她雕像立祠。文成公主与松赞干布在逻娑同居三年，她还在匹播等地居住过，于公元680年去世。

金成公主：金成公主是唐雍王宗礼的女儿，唐中宗收为养女，封金成公主许嫁吐蕃赞普。唐景龙三年（公元709年）吐蕃遣大臣尚赞咄为赞普之子请婚，景龙四年（710年）唐中宗以金成公主许之，并命左骁卫大将军河源军使杨矩送金成公主去吐蕃。金成公主到达吐蕃后赞普之子已亡，遂同赞普赤德祖赞完婚，住在桑耶附近的扎玛镇桑，她生下了吐蕃名王之一赤松德赞。

赤尊公主：赤尊公主名毗俱胝。尼婆罗（今尼伯尔）王光胄之女，藏文史籍称赤尊公主或尺尊公主。公元7世纪初，松赞干布统一吐蕃，派大臣禄东赞为专使前往尼婆罗请婚，尼婆罗王允嫁赤尊公主与松赞干布。

门当画派：门当画派即"温孜"画派，是西藏壁画祖师门唐江央顿珠所开创。他吸收了前人的绘画技艺，并把历代藏族优秀画师的壁画艺术特点融为一体，具有浓厚的民族特色和独特的表现手法。这一画派形成了色彩鲜艳、对比强烈、刻画细致和富丽堂皇的风格，是西藏最有影响的画派。西藏的哲蚌寺、色拉寺等三大寺的壁画，便是门唐的代表作。

钦孜画派：由艺术大师钦孜钦莫于15世纪中叶创立。钦孜钦莫为洛扎地区贡嘎岗堆地方人氏。钦孜画派是西藏历史上重要的画派之一，其绘画风格对后世西藏艺术产生了极其广泛的影响。受到了祖国内地绘画风格的影响，与古典门唐画派相比，其用色较厚，画风古朴。

第六部分

阿嘎土：阿嘎土是一种具有一定粘性的土

质，产自西藏各地，藏于地表2、3米以下，一般厚度只有几十公分，最多有1m厚。开挖后对自然环境破坏严重。它其实是一种风化石，似土似石，亦土亦石。阿嘎土主要用于建筑屋顶、室内地面等，具有坚硬、光泽、美观等效果。

其化学成分是：

SiO$_2$	CaC$_{12}$	Al$_2$O$_3$	Fe$_2$O$_3$	MgO	烧失量
28.5	33.35	6.77	2.53	1	24.9

帕嘎土：帕嘎土为风化石灰岩，但粘土成分多于阿嘎土。主要用于建筑物内墙面抹灰，壁画墙面均采用帕嘎土材料抹平，帕嘎土墙面抹光后有利于绘画。

边玛草：边玛草是一种柽柳枝，秋来晒干，去梢剥皮，再用牛皮绳扎成拳头粗的小捆，整整齐齐堆在檐下，等于是在墙外又砌了一堵墙；然后层层夯实用木钉固定，再涂上颜色。边玛墙是在建筑上旧西藏社会等级的标志之一。

刺草：青藏高原地区生长的一种草。草高近1m，叶少带刺，当地居民多将之用于院墙或屋顶檐口之上。

第七部分

糌粑：糌粑是藏族特有的一种主食，它是用青稞或豌豆等炒熟之后磨成的面粉。食用方式：主要是拌和酥油茶、用手捏成团吃，也可以调以盐茶、酸奶或青梨酒。

参考书目

书名(文章名)	作者	出版单位
《雪域西藏民族文化博览丛书》	尕藏才旦	甘肃民族出版社
《西藏风物志》	杨志国	西藏人民出版社
《扎囊县文物志》	西藏自治区文物管理委员会	西藏自治区文物委员会
《桑日县文物志》	西藏山南地区文馆会	成都科技大学出版社
《乃东县文物志》	西藏自治区文物管理委员会	西藏自治区文物管理委员会
《萨迦、谢通门文物志》	索朗旺堆	西藏人民出版社
《亚东康马 岗巴 定结县文物志》	索朗旺堆	西藏人民出版社
《阿里地区文物志》	索朗旺堆	西藏人民出版社
《日土的历史与传说》	卢瑞卿	日土县
《古格王国建筑遗址》	中国工业建筑勘测设计院	中国建筑工业出版社
《布达拉宫》	西藏自治区建筑勘测设计院 中国建筑技术研究院历史所	中国建筑工业出版社
《西藏佛教寺院考古》	宿白	文物出版社
《西藏阿里地区文物抢救保护工程报告》	王辉 彭措朗杰	科学出版社
布达拉宫	西藏自治区建筑勘察设计院 中国建筑技术研究院历史所	中国建筑工业出版社
中国建筑的门文化	楼庆西	河南科技出版社
西藏民居	陈履生	人民美术出版社
吉隆县文物志	西藏自治区文管会	西藏人民出版社
中国古代建筑科技史	中国科学院自然科学研究所	科学出版社
大昭寺	西藏自治区建筑勘察设计院	中国建筑工业出版社
西藏城市规划	徐宗威	《西藏建设》
《罗布林卡》	西藏自治区建筑勘察设计院	中国建筑工业出版社
中国古代建筑《西藏布达拉宫》	西藏布达拉宫维修工程施工办公室 中国文物研究所 姜怀英 甲央 嘎苏.平措朗杰	文物出版社
《纳西信仰民俗的红、白、黄》	仇保燕	西藏民俗2001年第3期
《中国古建筑二十讲》	楼庆西	生活.读书.新知三联书店

《西藏传统建筑导则》赴阿里地区调研组全体同志
后排左起：
阿旺洛丹、龙愿、普布次仁、徐宗威、丹增格列、苏
勇军、陈国友、巴桑卓玛
前排左起：拉穷、江村、布珠、达瓦旺堆、刘文全

第八章 用词解释

后记

2001 年夏天，我曾就西藏城市特色问题写过一个报告，提出研究和编制《西藏传统建筑导则》，以继承和保护西藏优秀传统建筑文化，为西藏城市建设传承和营造民族特色提供技术性和经验性指导。我的报告中的想法和建议，很快得到了热地同志①的赞同和支持，他在那年西藏自治区人大常委会第23次会议上讲了我的观点。徐明阳同志②很重视这项工作，并把我找到他的办公室，提出先把研究和编写《西藏传统建筑导则》的工作做起来，表示可以给我一些经费支持。研究和编写本书的事情，就这样定下来了。

很快我起草了《西藏传统建筑导则》大纲和工作方案，并召开了筹备会议。参加筹备会议的设计单位、研究机构和政府部门的代表对开展这项工作都很热心，认为很有必要也非常及时，表示要积极参与、全力配合，努力做好工作。会上确定西藏自治区建筑设计院、拉萨市建筑设计院、山南地区建筑设计院和拉萨市古建研究所，这四家单位作为参编单位，之后又确定了参加调研和编写工作的十几名工程技术人员。

调研工作是从2002年冬季开始的，一直进行到2003年的秋天。四家参编单位分头到拉萨、林芝、山南、日喀则和那曲等地区下乡调查，拍摄照片，收集文字资料。到了2003年7月，我组织参编单位成立了联合调研组，对西藏自治区最西面的阿里地区和最东面的昌都地区进行调研。我们在调研途中翻越了喜玛拉雅山脉、冈底斯山脉和念青唐古拉山脉的太多的山峰，翻过的山口已经数不清了，很多山口都在海拔5000m到6000m以上。我们跨过了青藏高原太多的河流和湖泊，有很多都是著名的江河，还有很多河流在我们的地图上找不到名字，雅鲁藏布江、年楚河、狮泉河、孔雀河、金沙江等众多的江河曾多次为我们的车队洗去一路风尘。对阿里地区的措勤、改则、革吉、日土、噶尔、扎达、普兰等七县，以及昌都地区的类务齐、察雅、左贡、昌都等四县，调研组做了比较深入和全面的调查研究。我们曾走进当地的很多民居和寺院进行测量，与干部群众和僧侣座谈。加上参编单位分头调研走过的地方，调研组走遍了西藏自治区的七个地市，先后考察了三十几个县，行程二万多公里。

大家在调研途中获得了十分宝贵的关于西藏传统建筑的第一手资料，并对西藏传统建筑的文化内涵，有了初步但却是深刻的感性认识。世界屋脊之雪山、冰川、草甸、湖泊等高原自然风光，是我们生活的这个星球上最唯美的体现，她的壮丽古朴，博大雄浑，令每一位走近她的人都会感到巨大的震憾；西藏历史悠久的传统建筑文化，独具特色、灿烂辉煌，像绽放在雪域高原的一朵朵建筑艺术的奇葩，使我们看到了高原地区的物质和精神文明的历史，以及藏汉历史文化交流和团结的见证；西藏各族人民面对恶劣的自然环境条件，不畏艰险，勤奋劳作，使我们深切地感受到西藏人民所具有的纯朴善良的性格和从容豁达的生活态度。所有这些都给调研组的每一位同志留下极其深刻和终生难忘的印象，也激励着调研组的每一位同志更加虚心求教和勤奋工作。

编写工作最紧张的日子是在2003年9月和10月。全体编写人员在拉萨城郊大菩萨地方的一个部队招待所住下来。大家集中在一起，一边讨论一边写作。西藏建设厅主要领导王亚蓝、刘志昌同志亲自到会作指示。年青同志工作积极性很高，不言辛苦，很多同志晚上都在加班。每周我们都要开一次会，研究编写过程中的问题和改进工作的意见。也就是在那段时间里，我们完成了本书的初稿。集中编写结束后，我对本书的初稿做了总纂工作，并增加了部分内容。

徐明阳同志一直很关心和支持这项工作，多次过问工作的进展情况，并给予我个人很多的教导和鼓励。有一次我给他汇报经费有困难的时候，他当即给自治区有关部门打电话，并很快解决了问题。遵照徐明阳同志的指示，我们召开了区内和国内两次评审会。区内专家评审会于2003年11月14日在拉萨市举行，西藏自治区有关部门、研究机构和六个地区建设局的领导专家参加了会议，会议原则通过《西藏传统建筑导则》评审。

12月11日，在北京召开的国内专家评审会上，进一步听取了国内专家的修改意见。中国建筑设计研究院给予了会议大力支持。中国工程院院士傅熹年先生的一席话，让全体参编人员都感到十分欣慰，他讲他看到《西藏传统建筑导则》稿子以后，觉得这是他第一次看到这么丰富和这么详实的关于西藏传统建筑的图文资料，他认为这是非常难得的。傅先生和到会专家提出《西藏传统建筑导则》应当进一步量化和需要进一步做理论上的分析。我想这也正是本书存在的最突出的问题。限于目前的研究经费和技术力量等条件，我们期待着热心于西藏传统建筑文化研究的同志，今后能够对本书研究的课题做进一步的研究和完善。

本书的编写工作凝聚着全体参编人员的心血和辛勤劳动，也离不开那些曾为编写本书给予过大力支持、帮助和做过大量服务工作的同志。陈国友、李进忠、周昆山、胡万宝等同志多次参加本书的编写工作会议，为编写工作出谋划策，尽心尽力。本书的出版得到中国建筑工业出版社社长赵晨同志的大力支持。没有中国建筑工业出版社在资金和出版上的通力合作，这本书的出版也是困难的。在此，我向他们和所有为本书的编写出版工作做出过贡献的同志表示衷心的感谢。

徐宗威

2004 年元月6日

注：①热地同志为全国人大常务委员会副委员长，曾任中共西藏自治区党委常务副书记、西藏自治区人大常务委员会主任。

②徐明阳同志为中共西藏自治区党委常务副书记，曾任中共西藏自治区党委副书记、西藏自治区人民政府常务副主席。

An Introduction to Tibetan Traditional Architecture

Postscript

I have written a report on Tibetan urban features in the summer of 2001, and it was that time I proposed to eidt An Introduction to TibetaTraditional Architecture in order to inherit and protect Tibetan traditional architecture culture, providing technical and practical instruction for thr urban construction and the representation of ethnic features. My proposal and suggestion soon gained the approval and support from Mr. Re Di and then he put forward my views in the 23rd Standing Committee of the National People's Congress of Tibet Aotonomous Region. Mr. Yu Ming-yang put great emphasis on this work and it is he who met me in his office and suggest that we start doing research and editting the Introduction. He even promised to finance us. It was fixed then in this way.

I soon finished the draft of the conspectus and working scheme and designing unites, research institution and goventment delegate attending the the preparatory meeting were all full of enthusiasm. We reach the agreement that this work is necessary and opportune, and every department will perform its own function. Tibetan Autonomous Region Architecture Design Institute, Lhasa Architecture Design Institute, Shan Nan Architecture Design Institute and Lhasa Reserch Institute of Ancient Architeture were designated to participate editting this book, and a dozen technical staff were also fixed.

The research work was carried on in the winter of 2002 and it was not completed until the qutumn of 2003. The four units went respectively to Lhasa, Linzhi, Shannan, Rikaze and Naqu, taking photos and collecting the written historical materials. In July 2003, I organized an united research group to the westernmost A-li area and the easternmost Chang-du area in Tibet Autonomous Region. We have passed the Himalayas, the Gangdise Mountains and Nyainqentanglha Mountains, and there were coulntless mountainpasses we have crossed over, many of which are from 5,000 to 6,000 meter above the sea level. We have passed through many rivers and lakes, besides Yarlung Zangbo River, Nianchu River, Shiquan River, Peacock river and River of Jinsha, many of which hav got no name in map. Research group did a profound and comprehensive research in Cuoqin, Gaize, Geji, Ritu, Gaer, Zhada and Pulan in A-li area, and Leiwu-qi, Chaya, Zuogong and Changdu in Changdu area. Many times, we have done the measurement in folk houses and temples, or had disscussions with local people and monks. Together with those places the research group has visited, seven regions including over thirty counties which counts for twenty thousand kilometers have witnessed our hard work.

We got precious raw materials on Tibetan traditional architecture and also got a deeper understanding of the culture connotation in it which is primary but profound perceptual knowledge. The natural landscape like jokuls, glaciers, meadows ad lakes in the top of the world can be honored as the most beautiful thing in this planet and everyone who has got close to these will be shocked by the magnificence and grandness without any exception. As the witness of the historical and cultural communication and unification between Han and Zang, the long-existing traditional Tibetan architecture culture is just like exotic flowers in the art of architecture through which we can discern the history of material progress and spiritual civilization. While the bravery and industry of Tibetan people impress us by their goodness and easiness. It is all these that not only give a deep impression to every member in the research group, but stimulate us to learn with an mind and work hard.

The hardest time in editting this book should be tracked back into September and October in 2003 when all members assembled in an army hostel in the Da Pu-sa, a suburb of Lhasa, discussing while writing. Leaders from the Tibet Department of Construction, Wang Ya-lin and Liu Zhi-chang came to the conference in person for instruction. The young were all in high spirit and work day and night. Every week, we had a meeting to discuss the problems in editting and then manage to solve them. It was during that period of time that we completed the draft of this book. When finishing the whole book, I did a general editting and modification in the book and supplemented some content into the draft.

Mr. Xu Ming-yang kept caring about and supporting us very muc all the time and he has enquired many times about our progess of the editting work. Once, when I rendered a financial problem to him, he called relavant deparments at once and solved our problem without delay. In accordance with Mr. Xu's instruction, we held eveluation meeting twice inside the region and in the country respectively. On November 14th, 2003, regional evaluation meeting was held in Lhasa and leaders and experts from relevant departments, reserch institutions and six local Construction bureaus attened this meeting. An Introduction to TibetaTraditional Architecture was passed.

On December 11th, national evaluation meeting was held in Beijing and more experts gave many valuable suggestions. National Architecture and Designing Institute offered great support for this meeting. Fuxi, academician of Chinese Academy of Engineering, made a gratified speech, in which he expressed his appreciation for this book as this was the first time for him to read such a comprehensive and accurate record of Tibetan traditional architeture with pictures and words in. He spoke highly of this book and at the same time he, toghether with the present experts, put forward that the Introduction be richened and reinforced by further theoretical analysis. In fact, this is the biggest problem existed in this book. Owning to the financial limitation and technical restriction, we didn't solve the problem yet. However, we do expect all colleagues interested in Tibetan traditional architecture will do further research in this field to perfect the reseach of this subject.

Great efforts are made by all members participating in editing this book. Besides, numerous friends have supported, helped or served us through the editting. I appreciate Mr. Chen Guo-you, Li Jin-zhong, Zhou Kun-shan and Hu Wan-bao who have attended editing meeting many times and has given valuable suggestions. Here, I make acknowledgement to them and all involved in the editting work of this book.

     Xu Zong-wei
    January 6th, 2004